新 / 农 / 村 / 书 / 屋 >
畜 / 禽 / 养 / 殖 / 技 / 术

猫咪的饲养

MAO MI DE SI YANG

赵洪明　强慧勤　主编

河北出版传媒集团
河北科学技术出版社

主　编　赵洪明　强慧勤
副主编　崔宝强　张素巧
编　者　（按姓氏笔画排序）
王玉清　王　瑾　卢　戈　李　钊　张素巧
杨玉萍　赵洪明　高欣召　崔宝强　强慧勤

图书在版编目（CIP）数据

猫咪的饲养 / 赵洪明，强慧勤主编．-- 石家庄：河北科学技术出版社，2017.4（2018.7 重印）
ISBN 978-7-5375-8292-6

Ⅰ．①猫… Ⅱ．①赵… ②强… Ⅲ．①猫－驯养 Ⅳ．① S829.3

中国版本图书馆 CIP 数据核字 (2017) 第 030942 号

猫咪的饲养
赵洪明　强慧勤　主编

出版发行： 河北出版传媒集团　河北科学技术出版社
地　　址： 石家庄市友谊北大街 330 号（邮编：050061）
印　　刷： 天津一宸印刷有限公司
开　　本： 710mm×1000mm　1/16
印　　张： 11
字　　数： 141 千字
版　　次： 2017 年 7 月第 1 版
印　　次： 2018 年 7 月第 2 次印刷
定　　价： 33.00 元

如发现印、装质量问题，影响阅读，请与印刷厂联系调换。
厂址：天津市子牙循环经济产业园区八号路 4 号 A 区
电话：（022）28859861　邮编：301605

前言 /Catalogue

近年来，随着人们物质文化需求的不断提高，宠物热在我国持续升温，街头巷尾经常能见到活泼可爱的宠物和它们的主人亲密无间、如影随形的场面，有关宠物的趣闻轶事成了人们茶余饭后谈论的热门话题，而猫咪就是人们最喜爱的宠物之一。

虽然买猫、养猫花钱不多，但是对于猫咪的主人来说，一只猫咪简直是无价之宝。人们可以逗猫取乐，也可以用猫做伴儿，还可以为家中增添高雅的情调。老年人以猫为伴，得益匪浅；年轻人照料自己所养的猫咪，可以培养爱心；儿童有猫做伴儿玩耍，更为童年增添无限的快乐。

然而，大多数人对于猫咪饲养方面的知识还缺乏系统、全面的了解，如何鉴别不同的品种、如何选养适合自己的猫咪、如何科学规范地饲养和管理猫咪以及如何使自己成为训练猫咪的高手成了困扰广大养猫爱好者的难题。为此，我们专门组织了有关方面的专家共同编写了这本《猫咪的饲养》。

为使内容通俗易懂，我们力求用朴实无华的生活化语言，图文并茂的形式，深入浅出、生动有趣地为大家讲述有关猫咪品种、选育、饮食、训练和临床常见疾病的防治等方面的知识，旨在为广大养猫爱好者提供科学、系统的指导。

书中主要介绍了猫咪的起源与历史，猫咪的品种，猫咪的习性和生理特点，猫咪的选购、喂养与训练，猫咪的繁育，猫咪的美容、保健以及猫咪的常见病防治等方面的知识。

由于编者水平有限，书中错误和疏漏之处在所难免，敬请广大读者批评指正。

编　者

2016年1月

目 录/Catalogue

一、猫的起源与发展史

◆ 猫的祖先

你是否觉得你的乖猫咪是世界上独一无二的呢？其实，它只是约5亿只家猫大家族中的成员之一。除了有这么多的“近亲”外，你的乖猫咪还有35个不同野生品种的“远亲”，如狮子、老虎和豹等等，它们都属于猫科动物。

猫科动物是生活在陆地上食肉动物中的高级狩猎者，这些食肉动物都起源于6 500万年前的白垩纪晚期。

猫的始祖是与恐龙同时存在而又目睹恐龙灭绝的初期哺乳类动物，它们体型小、鼻子长，以昆虫为食。后裔分为三支：一支至今看来仍像初期的哺乳类动物，如在古巴和海地发现的沟齿鼠，就是形似大象的长鼻子哺乳类动物；另一支演变成温和的食草动物；第三支进化成以虫和食草性同类动物为生的古肉齿类动物，它们是地球上最早的食肉哺乳类动物。

古肉齿类动物，身体长、四肢短，脚上有爪，在上下鄂有44颗强而有力的牙齿，其中有33颗臼齿、3颗切齿、1颗犬齿和7颗磨齿。当时这些古肉齿类动物的大脑并不发达，捕猎时，效率虽不高，却也能存活下来。

古肉齿类动物大量进化成更可怕的食肉动物，有的如狮子一般大。但是到了6 000万年前的始新世末期，大多数古肉齿类动物的分支逐渐衰落。

到1 200万年前的上新世初期，它们已全都灭绝了。

但是，在古肉齿类动物灭绝之前，它的最早的成员之一——小古猫，已进化成最重要的动物。据研究报告显示，现代所有陆栖食肉动物都起源于小古猫。这种动物体型小，居住在森林里，脑部比古肉齿类动物发达，有40颗牙齿，在它的臼齿中，有4颗形状进化成特别适合撕肉的裂齿。由于食物来源稀少，动物之间存在着弱肉强食的竞争，捕食效率较高的小古猫在大自然的残酷竞争中占据了优势，从而加快了肉齿类动物的灭绝。

随着时间的推移，小古猫又演化出许多动物，小熊猫类是最早的种类之一。它们外表似灵猫，同时又具有猫的特征。直到1 200万年前的上新世时期，开始出现极似真正猫科动物的动物，它们逐渐失去了灵猫的特征。这些动物中，有的犬齿变得相当大。剑齿虎和狮子可能就是由这类动物演变来的。这些动物遍布欧洲、亚洲、美洲，它们靠这种发达的牙齿猎食草食动物的尸体腐肉，或咬死如大象和犀牛这种厚皮动物为食。过了600万年以后，在更新世初期，世界各地已到处遍布猫科动物，例如分布在欧洲、亚洲森林中的狮子、山猫、巨型猎狗。

在50万年前的更新世中期和晚期，穴居狮子和豹子遍及整个欧洲，同时中国也发现了巨大的老虎，美洲虎更是遍布北美洲。在整个欧洲几乎都能找到体型较小的猫科动物，如鬃猫和马特里野猫。更新世中期消失的马特里野猫，很可能就是现代小野猫的直接祖先。现代小野猫的一支森林野猫，一般出现于距今60万或90万年前，并很快地遍布欧、亚、非三洲，并且发展成非洲野猫和亚洲沙漠猫。古生物学家认为，家猫的祖先是非洲野猫，还有人认为丛林猫也可能是家猫的祖先。但是从古埃及猫公墓里挖掘出来的猫头颅来看，大多属于非洲野猫型，只有少数为丛林猫型，这说明家猫是从非洲野猫驯化来的。

和其他驯养家畜一样，不论哪一品种的家猫都是数千年来从野猫逐步驯化而来的。作为家养动物，猫的出现要比狗晚一些。狗在2万～5万年以前就已进入人类的生活了，而猫则在大约公元前3000年左右才姗姗进入人类生活，距今约有5 000年的历史。那时候古埃及、西亚古国等地就有了驯养的猫，尼罗河畔的古埃及和底比斯城中寺庙遗址的壁画及书稿中均可找到家猫的“踪迹”。

◆ 猫的发展史

人类最初饲养猫是出于保护粮食的需要，久而久之野猫逐渐成了家猫。世界上养猫最早的恐怕要数古埃及了。公元前3000年古埃及人已开始养猫。那时，埃及的农业已十分发达，当时的埃及人发现，身上长有和非洲野猫相类似花纹的虎斑猫，不仅灵活、健壮、神秘，而且能消灭老鼠。因此有人开始驯养虎斑猫用来控制鼠害，保护谷仓，所以虎斑猫就逐渐成为了受人喜爱的家庭伴侣。到了公元前2000年时，有很多图画和遗迹证明古埃及人已在家庭养猫。埃及人非常珍惜这些猫卫士，把它们奉如神明，并把这些家神称为“喵呜”。当“喵呜”死时，主人要举行哀悼，在猫身上涂上防腐香油，送往巴斯提斯的巴斯特大庙。古埃及人把大量死去的爱猫制成木乃伊，科学家研究了这些猫的木乃伊后证明，家猫起源于非洲野猫。古埃及人尊敬猫，并制定了各种保护猫的法律，对杀死猫的人必须处以死刑。

家猫从埃及传到意大利，以后又逐渐传到整个欧洲，在许多国家赢得了众多“崇拜者”。但是到了中世纪，猫咪却惨遭厄运。基督教会不愿和异教徒的偶像有所关联，发动了一场迫害猫咪的运动。或许由于猫咪具有不可思议的敏捷度和神秘感，迷信的人相信女巫可以变形为猫。这种看法造成了猫咪不幸的后果——常常被基督徒活活烧死，因为他们相信，猫是魔鬼的化身。不过，当猫咪的用处重新被人认识时，不欢迎猫的现象逐渐消失。到了18世纪，猫又重新成为家庭中的常见动物。在19世纪时，养猫已十分普及。到19世纪末，在首次猫展览会上，展出了早期的纯种猫。

猫在远东地区被人驯养的时间要比埃及晚不少时间。有些权威人士认为，我国大约是在公元前2000年时开始养猫，而另一些权威则认为，我国到公元400年时才开始养猫。

◆ 猫是人类的朋友

当今社会随着生活节奏的不断加快，人们变得越来越繁忙、身心越来越紧张，家庭里增添一只可爱的小猫咪可以缓和紧张的气氛。回到家里看到活泼可爱的小猫咪，会使你紧张的身心立刻得以放松。

虽然买猫、养猫花钱不多，但是对于猫的主人来说，一只猫简直是无价之宝。人们可以逗猫取乐，也可以用猫做伴儿，还可以为家中增添高雅的情调。如果你的住房很小也可以养猫，因为它们不需要太大的活动空间。如果你要去上班，猫仍不失为最佳的宠物，因为猫不需要你整天照料。老年人以猫为伴，得益匪浅；年轻人以猫为伴，可以培养爱心。养猫并不难，养猫既不像养狗那样，需要领着到户外活动，又不像养鱼那样，需要价格昂贵的全套技术设备。

猫忠实、友好、容易照顾，对各种年龄段的人来说都是理想的伴侣。猫无论是和老年人在一起还是和孩子在一起都会很快乐。猫和人类可以相互理解，这就奠定了猫和人类之间友谊的基础。养猫是人生的一大乐趣，猫与人之间的友谊是纯洁的，彼此之间相互友爱，相互忠诚，相互尊敬。

猫可以为我们的生活增添许多乐趣

然而，猫不像狗，它丝毫不愿意被人“占有”，它的独立性决不容许被剥夺。人和猫的关系不是领导和被领导的关系。在猫咪的眼中，人类是为它们提供食物和庇护所的朋友。要和猫建立良好的关系，你就不应将它当成你的私有财产来拥有，而应设法把它视为旅居家中的客人。不要试图训练你的猫咪去做它不想做的事情，这样只会使猫咪认为你不是一个诚挚的朋友。乖猫咪愿意和你一块消磨时光，除了需要简单的食物之外，它不会要求得太多。重要的是，必须和猫咪培养感情。猫和狗不同，它不会出于盲目的忠诚而和贫困的主人厮守在一起。但是另一方面，如果主人理解它，赏识它，它是能接受的，并会报以感情和尊敬。为了赢得你爱猫的感情，你必须了解它的“脾气”，并把它当成你的朋友。

人们总结出了养猫的诸多好处，你不妨参照一下哪些可以作为你养猫的理由：

（1）如果有一只可爱的猫咪时刻陪伴左右，可以解除你单身的孤独。

（2）如果是一位女性朋友，如果你总是亲自给你的猫咪喂食、洗澡并呵护它，能增加你的母性，培养你做母亲的责任感，你将来肯定能胜任一位母亲的职责。

（3）想想你踏入家门的那一刻，想想你把拿着食物的手伸向你的猫咪的时候……你将获得一种被期待的感觉，还有什么比被需要更能让自己感动。

（4）猫咪的欲望比人类要简单得多，所以它们总是将享受到满足后的快乐感染给它们的主人，它会让你懂得知足常乐的道理，始终保持放松、平和的心态。

（5）科学证明，经常抚摸动物或观赏它们可以让你感到放松，使血压保持平稳。

（6）经常和你的猫咪一起玩耍嬉戏，有利于保持匀称的身材，让你不可能再发胖。

小朋友玩得多开心呀

（7）当你领猫咪去散步、就诊、甚至参加聚会时，你将因此开始在大街上、兽医诊所里、集会上等场合认识并结交一大批动物爱好者，从而扩大你的社会交际范围。

此外，消灭鼠患是人类养猫的初衷，而且现在仍然是人们养猫的主要目的之一。捕鼠是猫的天性，决定了猫在人类生活中的重要地位。虽然鼠类的天敌很多，如鼬、貂、蛇、猫头鹰等，但它们通常只捕捉栖息在野外的鼠类。至于城市或居室里的老鼠，则只有猫才是它们最大的天敌。对于人类来说，养猫捕鼠也是一种经济、安全、有效的办法。

◆ 猫咪的轶闻趣事

猫咪是人类的朋友，所以在人们的生活中流传有许多的轶闻趣事。

（一）人的十二生肖中为什么没有猫

虽然猫是腊祭八神之一，受到了人们的礼遇。但是很早以前就被流传的人的十二生肖中却没有猫。因此有人推测在十二生肖产生时，家猫还未真正在中国落户。

有关资料表明，我国现在的家猫最早来源于印度的沙漠猫，印度猫进入中国的时间则大约始于汉明帝之后，因为在那时中印的交往是通过佛教而频繁起来的。我国的十二生肖最早出现在西周春秋时期，在东汉时就已经广泛流传开了。估计西周以前人们通常见到的只能是体型较大、性情凶猛、还未驯养的野山猫，而不是现在人们所养的家猫。因此十二生肖中有狗有鼠，而偏偏没有猫似乎是情理之中的事。

关于十二生肖中没有猫的传说很多，最流行的是猫鼠结仇的故事。说的是很久很久以前，猫和鼠还是一对十分要好的朋友。有一天混沌初分，玉皇大帝下旨普召天下动物，按天干地支中十二支（即子、丑、寅、卯、辰、巳、午、未、申、酉、戌、亥）选拔十二属相。这一消息惊动了猫和鼠这对相好的朋友，它们决定一同去应选。当晚临睡前猫对老鼠说：“我有个贪睡的毛病，明天一早去天堂应选时，你叫我一声。”老鼠应诺说：“没问题，我一定叫你。”第二天一早，老鼠却违背诺言，偷偷起床，不辞而别。

众多禽兽云集灵霄宝殿，准备应选。玉帝按天地之别，选定龙、虎、牛、马、羊、猴、鸡、狗、猪、兔、蛇、鼠十二种动物来作属相。在玉帝准备安排座次时，猪用花言巧语骗得玉帝的信任，玉帝就把排次序的任务交给猪去完成。

玉帝一走，十二属相就闹开了次序之争，特别是诡计多端的老鼠与黄牛相争比大小时，就哄骗黄牛“要听听百姓的评论”。于是，黄牛和老鼠来到街头闹市，黄牛在人群中走过时，引起人们的关注。这时，老鼠突然爬到牛背上，并站在牛犄角上，这下可引起了人们的惊叹：“好大的老鼠呀！”

老鼠回来后自我吹嘘，众属相都不服气，只有猪暗自高兴，它认为只有这样大小不分，好坏难辨，才能鱼目混珠，自己才能从中渔利。结果，猪把老鼠排在第一位，黄牛排在第二位。即子鼠、丑牛、寅虎……

老鼠回到家里，高兴得不亦乐乎，把熟睡的猫惊醒了。猫问：“到时候了吗？”老鼠洋洋得意地说：“早过了，咱还争了个第一呢！”并向猫吹嘘了一番。猫气愤地说：“我再三叮嘱你，你为什么还是不叫我？”老鼠大言不惭地说：“自己的事自己做，而且我叫你去，你还可能占了我的位置呢！”猫一听，气得是胡须倒竖，怒目圆睁，张开锋利爪子，一个箭步猛扑上去，把老鼠吃掉了。从此，老鼠和猫这对好朋友反目为仇，成了世代冤家，猫也在十二生肖中丧失了一席之地。

唉！猫咪怎么就没参加这次大会呢

（二）猫怕老鼠不是谣传

据说有一个地方因为大院里老鼠比较多，当地的居民就养起了猫，本指望猫能灭鼠，不料这些猫看到老鼠不是避开，就是逗老鼠玩，甚至还被老鼠吓走。

这里的居民告诉记者，居民楼建于20世纪50年代前后，房子老了，卫生状况也不是很好，老鼠就经常出没。老鼠一般都是从下水道里钻出来，到处乱咬，许多人家的家具、厨房都被老鼠破坏过，家里的食品、菜肴也经常会有老鼠光顾。这些老鼠让他们很头疼，居委会每年都会进行多次集中灭鼠，但往往是灭鼠期一过，老鼠就又出来了，一度造成大院里老鼠成灾。

用完了各种灭鼠办法，居民们想到了老鼠的天敌。于是许多人家都养起了猫，但心细的居民发现许多猫都不愿意逮老鼠。侯大妈去年养了一只猫，可这只猫不但不逮老鼠，看到个头比较大的老鼠，还吓得掉头就跑。还有些居民家中竟然发生老鼠公然和猫抢食的事，看得猫主人目瞪口呆。不过也有猫能逮老鼠的，一次居民们就看见有一只花猫逮到了一只老鼠，没想到这只花猫不但没有咬死老鼠，反而和另外两只花猫一起在院子里“玩弄”起了这只老鼠，最后一不留神竟然让老鼠跑了。

居民们说，细细想想，这些猫都是被“惯”坏了，平时都是捡好的给猫吃，渐渐地猫咪也就没有心思抓老鼠了。没想到猫来了老鼠不但没有减少，反而更猖獗了。

（三）会捉鱼的猫

在印度洋上的弗列加特岛，长期以来鼠害肆虐，人们于是把猫带到了小岛上。猫咪们果然不辱使命，将岛上的老鼠全部消灭干净。在消灭老鼠的过程中，猫的队伍在迅速扩大，到后来小小的海岛上竟然有五万多只猫。没有老鼠，猫咪们断绝了食粮。四周则是茫茫的大海。猫咪们想迁徙也是不可能的，可是又不能坐以待毙。于是猫咪们为了生存不得不下海捕鱼。每天都可以看到众多的猫咪在浅海处捕鱼吃鱼的繁忙景象。

无独有偶，有一种专门捕鱼的猫，只在斯里兰卡、苏门答腊和爪哇等地才有。其特点是指爪间有蹼，可以捕捉水中的鱼和蛙。

（四）会说话的猫

截至目前，世界上惟一有记载的能够说人话的猫，是前苏联的一只叫“莫斯科将军”的猫。

10多年前的一天，主人伊凡露娃带着“莫斯科将军”坐火车。她将它放进一个密封的篮子里，“将军”在那篮子里呆了一会儿，突然冒出一句人话：“小心呀！”

从那以后，“将军”的词汇越来越多，如今它不仅可以讲100来个不同的俄文单词，而且还能说一些简单的句子。每当它感到肚子饿了的时候，它都会用语言表达出来。如果不如它所愿，它还会大发牢骚。不过，它也很有礼貌，喂饱它以后它还会说：“谢谢！”从街上回来了，会告诉主人：“我回来了。”当然了，“将军”毕竟是猫，改不了贪吃的本性，它讲得最多的一句话还是“我想吃”。

（五）一位养猫爱好者和他可爱猫咪的故事

自由婚姻：去年春季的一天，我家咪咪不顾家人阻拦，冲出家门与一只小公猫成了亲。

不久，咪咪的肚子一天天见大，6月7日那天，怀胎两个多月的咪咪终于临产了。晚上11点钟，它突然烦躁不安起来，拖着沉甸甸的大肚子在地板上来回转圈儿，“喵儿喵儿”直叫，并不停地用后脚踏地，臀部下倾，一副努力往下挤压的样子。11点半，随着咪咪一声尖叫，第一只小猫降生了。咪咪麻利地吃掉胞衣，并把小猫身上的胎液舔得干干净净。半个小时后第二只小猫出世。据说母猫头胎生子一般是2～4只，到12点半，咪咪一共生了3只，我们以为它生完了，都睡觉去了。谁知第二天早晨打开盒子一看，里边密密麻麻地挤了一堆，仔细一数，哇，8只！个头儿不大的咪咪头一胎居然生了这么多小猫仔，让我们这个喜欢动物的家庭惊喜和热闹了好一阵子。

吃奶大战：刚出生的小猫仔胎毛未干，红色的皮肤，软软的身体，使人不敢触摸，生怕碰坏了。咪咪有8个奶头，但小仔们不愿意对号入座，它们都抢着吃左边的4个奶头，实在吃不着才吃右边的，大概是左边的奶水多吧。为了争夺一个奶头，它们常常打得不可开交。已经占据有利位置的会用两只小爪子使劲护住奶头，以防被抢去。而后来者会拼尽全力用嘴巴把对方拱开。对方一旦发现有侵犯者，就会张开小爪子，把伸过来的脑袋用力地推开。这样的争夺战经常发生，这大概就是动物生存竞争的本能吧。它们每天除了吃奶就是睡觉，而且是说吃都吃，说睡都睡。吃奶的时候，都趴在妈妈的肚子上，排成两排，像是一串倒挂的香蕉。睡觉的时候，互相挤靠在一起，像一堆刚刚摘下来的棉团儿。

8只猫一条心：随着小猫仔一天天长大，它们的特点也显露出来了，我们根据它们头顶上的黑色斑点儿，给它们起了名字："左一点儿"、"右一点儿"、"后一点儿"、"粗两点儿"、"细两点儿"、"三点儿"、"大白"和"小白"。这8胞胎中，4只长毛，4只短毛。4只长毛猫一个个圆乎乎的，一身蓬松的茸毛，站起来像一个绒球，卧下去像一堆丝棉。4只短毛猫身材消瘦、两腿细长、干净利落，像四只小白鹿。10多天后它们的眼睛全睁开了，不再满足纸盒子的方寸天地，争相爬出盒子，在地板上摇摇晃晃、步履蹒跚地试探着往前走。到后来屋子里也呆不住了，它们跑进了客厅。这下可惨了，客厅里那棵枝繁叶茂的绿萝遭了恶运，很快被它们咬得枝断叶残，就剩下中间那根光秃秃的木桩子了。它们干脆在那根木桩上练起了"猴子上树"，一群小猫挨个往上爬，还时不时互相击掌，好不开心。它们大小便也喜欢扎堆，常常是几只小猫同时到盆里排便。它们先用爪子刨一个坑儿，蹲上去试一试，不合适就重刨，反复好几遍才能满意。拉完之后，它们会仔细地把大小便埋好，然后顺势趴在上面呼呼大睡起来。有时七八只小猫都挤在盆里睡觉，身子底下那浸透了屎尿的沙子被压成了沙子饼。

小首领"三点儿"：8胞胎中，与众不同的是"三点儿"。"三点儿"特别能干，它总是霸占着左边第三个那个奶水最多的奶头，不让别的小猫吃。有一次我实在看不惯"三点儿"的霸道劲儿，就把它从第三个奶头上揪了下来，把比较弱的"粗两点儿"放上去。可是没有一会儿工夫，"三点儿"就爬过来了。当时它的双眼还没有睁开，它凭着嗅觉绕过障碍，踩着正吃奶的其他小猫的身体，准确地找到第三个奶头，三拱两拱就把“粗两点儿”拱了下去，然后心安理得地大吃起来。由于它能力强，吃得饱，不仅个子长得大，智商也最高。它的点子特别多，理所当然地成为8胞胎的首领。是它率先从纸盒子里爬了出来，是它第一个学会从床上跳到地上，又是它带领大家跃过横挡在卧室门口的木板，冲向客厅。有时我们不让它们到处乱跑。这时，“三点儿”会带领它的一群兄弟站在挡板跟前，“喵儿喵儿”地高声大叫，强烈抗议，那一双双企盼的眼神，使你不由自主会把挡板打开，给它们放行。

称职的妈妈：咪咪是一个很称职的妈妈，虽然它刚满一岁。它对8个孩子细心喂养，精心呵护。有几只小猫得了红眼病，我们给小猫点药水的时候，咪咪会急火火地跳上来，呼喊着从我们手中抢孩子，它用嘴叼住小猫的头或脖子，使劲拽，直到叼走为止，弄得我们哭笑不得。一个月后，孩子们开始学着吃食物。每次盛食物的盆子放好以后，它就“哇呜、哇呜”地招呼孩子们来吃，自己却蹲在一边静静地看着，一副心满意足的样子。等小猫吃饱走了，它才上前去吃。

送猫如嫁女：小猫仔们两个月的时候，可以离开妈妈单独吃食了，我们开始给它们寻找新的主人。为了使每一只小猫都有一个美满的新家，我们像嫁女儿一样，对新主人进行了认真的考察和选择。“左一点儿”去了燕山石化公司一个高级工程师的家，“右一点儿”去了河北一个店铺老板的家，“后一点儿”去了一位饭店员工的家，“粗两点儿”去了一位军人的家，“细两点儿”去了北京大学一位教师的家，“三点儿”去了石油研究院一位技术干部的家，“小白”去了一位公司老板的家。“大白”体质较弱，因祸得福，被留在了妈妈的身边。转眼一年过去了，8个小家伙都应该长成大猫了，它们中有的或许已经做了爸爸妈妈，在它们的身上一定又发生了很多很有趣的故事，我们期待着它们的消息，并祝愿它们平安，快乐，永远受到主人的疼爱。

（六）长出两条尾巴的小猫咪

望城县某村的陈姓人家中饲养了一只1岁多的小猫，这只小母猫居然长出两条尾巴。

据主人介绍，2002年12月左右，小猫在婴儿时期就被抱来他家饲养。小猫刚来时，他发现它背上有1厘米左右长的毛状突起，开始他还以为是一团毛，想用剪刀剪掉，结果发现是长出的一团鲜红的肉。在此后1年多长的时间里，小猫背后的毛状突起越来越长，直至长成另一条“尾巴”。小猫这条多余的“尾巴”约6厘米长，有大拇指粗细，形态与正常尾巴无异。

湖南师范大学生命科学院一位教授说，如果小猫这条多余的“尾巴”内有骨骼，则可能是胚胎分裂时期的骨骼畸形造成的，如果“尾巴”里并无骨骼，则可能是皮瘤一类的肿瘤。具体形成原因有待进一步研究。

（七）母狗当猫妈，融融似一家

有民谚说：“狗猫不相容。”但在云南省红河哈尼族彝族自治州勐拉乡荞菜坪村哈尼族某家却出现一桩“怪事”——母狗当猫妈。

据主人介绍，他家养的母猫前段时间产下4只小猫崽，10天后由于母猫误食了中毒的老鼠而不幸身亡。与此同时，他家养的母狗也产下2只小狗崽，善良的母狗肩负起当猫妈的重任，每天给4只小猫崽哺乳三四次，狗猫情感融融，如同一家。

（八）禽流感吓不倒泰国养猫人

在禽流感暴发的时候，泰国传出家猫疑似感染禽流感而死亡的消息，但泰国的一名养猫人硬是在家中养了50只流浪猫，却一点也不担心禽流感会找上门来。

这位27岁的阿提坦雅，16年前就和流浪猫、流浪狗结下不解之缘。他不忍心看到动物在街头受苦，于是经常把它们带回家里来照顾，几年下来，阿提坦雅的家里，竟然已经累积到50只猫和16只狗。最近泰国禽流感暴发家猫染病死亡的案例，不过阿提坦雅说，他相信自己的猫不会有事。为了养活家中众多猫狗，光是伙食和医药费，阿提坦雅每个月要花掉近万元人民币，不过养猫成痴的他乐此不疲。现在阿提坦雅除了小心不让猫咪随便到处跑之外，每天还准备新鲜的鲔鱼大锅饭，让每只猫咪都吃得身体健壮。他还当众表态，除非证明猫染了病，否则绝对不会放弃心爱的猫咪。

值得欣慰的是，至今还没有发现禽流感病毒可在猫和人等哺乳动物之间相互传染。家猫感染禽流感，让一些喜欢宠物的市民心里多少有些“不爽”。对此市民应采取一些适当应对措施，如少带猫狗等宠物出去遛弯，尽量减少宠物与外界环境接触，尤其避免宠物接触可能被禽流感病毒污染的环境；同时，市民也要尽量减少和宠物“亲密无间”的亲昵行为。此外，应经常对宠物和所处环境进行消毒，由于常用消毒水就可杀死禽流感病毒，所以在给宠物洗澡时加一些消毒水就可达到消毒的目的。

（九）恋主猫咪百里寻家

3岁猫“咪咪”春节前被主人送到朋友家，几天后它挣脱项圈开始了漫漫“寻亲”路。40多天里，它长途跋涉了100多千米，终于如愿回到主人的怀抱。

当天，记者在北京昌平区回龙观村的朱女士家见到了这只执着的恋主猫。咪咪正安静地趴在沙发上，样子显得很疲惫，两眼却炯炯有神。主人朱女士告诉记者，咪咪在自己家生活了3年多。由于它总是掉毛，弄脏客厅的沙发，于是一狠心，在1月19日把它送到房山区半壁店的朋友家。新主人用项圈套住咪咪，以防逃跑。“哪知道没几天就给我打电话，说咪咪挣脱项圈跑了，但怎么也没想到它是在往这里赶。”

那天上午，朱女士打开大门，看到一只又脏又瘦的猫趴在门口，四条腿站起来直晃悠。旁边的邻居林女士提醒她：“这不是你家的猫么？”她仔细一看，跟送走的咪咪有些像。“咪咪以前圆滚滚的有5斤重，现在瘦得只剩下1斤多，我一开始还真认不出来了。”朱女士说，她刚走上前去，咪咪就摇摇晃晃地跑了过来，一个劲地往自己怀里钻。“200多里呀，送它的时候开车还走了两个多小时呢。它是怎么回来的呀！它一定受了不少苦，我心里真不好受。”朱女士一下子就落了泪。咪咪长途跋涉回家的消息一下子在邻居中传开了，很多邻居都跑过来看它。

“它一整天都趴在沙发上，估计是累坏了。原先是打定主意把它送走的，它现在吃尽苦头跑了回来，心里真有些舍不得，但是卫生确实成问题。”朱女士犹豫地说，不过她表示，暂时不会将咪咪送走。

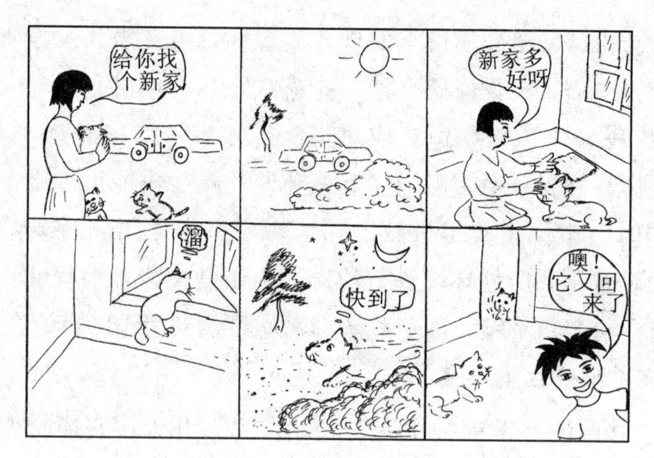

猫恋主人的故事怎不令人心动呢

（十）我家宝宝

“咪咪”进入我的生活都快六年了。那年元旦在官园市场，我远远地就被它吸引了目光，远处看到它时，分不清是猫是狗。一身白毛的它身长像成年京巴一样大，不禁上前细看分辨，离它几步远才看清庐山真面目，我本能地呼唤“咪咪”，“咪咪”，再次令我吃惊不已的是它居然声声地答应着，憨态可掬，据猫贩子说它只一岁左右，我犹犹豫豫，又去逗猫时，它居然还是跟我有问有答，终于忍不住把它买了下来，回家后发现了很多问题，例如给它做的饭它不爱吃，对于家里的环境几天都不能熟悉接受，一星期后的一天晚上，它一脸寻求帮助的样子，对着我使劲用前爪抓自己的耳朵，我发现耳朵里流出了许多黑色血水，看着它的痛苦样子，我几乎一夜未眠陪着它，只能用话语不住地安慰着它，第二天一大早，就带它去看病，原来是螨虫。需要每天上药换药，每次看它都很难受的样子，但是它已经充分地信任和依赖了我，乖乖地让我上药，几天后病就痊愈了，经过这次的交流，它似乎完完全全地接受了我和我给它的家，吃饭也在我的不断改进和它的不断迁就下妥善地解决了，五年来的每一天我们在生活中都成了彼此不可缺少的一部分。

“咪咪”有一个十分守时的好习惯，它精确地掌握着家里每个成员的下班时间，每天的这个时间它都会把自己梳理一番，坐在门口眼望门把手，等待家人的归来。如果加班晚归，会看到它格外娇嗔和依赖，必须好好安慰一番，才会心满意足地去做它自己的事。

就这样它每天在门口接送每一个家人上班、下班，当有人生病时，它也总是显得对病人格外关心和亲近，我想它已经像我们一样丝毫不会怀疑自己就是我们家庭的一员了，五年来它就这样用它的方式关爱着我们，可能很多人都不理解，甚至反对家庭伴侣动物，但是我想，现在很多人都在说这样一句话：动物是人类的朋友。我们生长在大都市中的人，几乎一生也很难有机会去接触大自然的野生动物，那为什么不能让小猫、小狗、小鸟、小鱼……这些小动物成为我们生活中真正的朋友呢？生活中有了动物的参与，生活真的变得更美了！

（十一）为什么说猫有“九条命”

猫的爬高本领在家畜中可谓首屈一指。“蹿房越脊”对猫来说是轻而易举之事，有时甚至能爬到很高的大树上去。猫在遭到追击时，总是迅速地爬到高处，静观其对手无可奈何地离去后才下来。猫之所以能爬高下低，这同它的全身构造有关。我们经常看到猫从很高的地方掉下来，而身体不会有丝毫损伤，而狗从同样高度掉下来的话，非死即伤，这就是人们常说的“猫有九条命”的由来。

从高处跌落时猫尾的平衡起着至关重要的作用

猫从高处落下后为什么不会受伤害呢？这与猫有发达的平衡系统和完善的机体保护机制有关。当猫从空中下落时，不管开始怎样，即使背朝下，四脚朝天，在下落过程中，猫总是能迅速地转过身来，当接近地面时，前肢已做好着陆的准备。猫脚趾上厚实的脂肪质肉垫，能大大减轻地面对猫体反冲的震动。可有效地防止震动对各脏器的损伤。猫的尾巴也是一个平衡器官，如同飞机的尾翼一样，可使身体保持平衡。除此之外，四肢发达，前肢短，后肢长，利于跳跃。其运动神经发达，身体柔软，肌肉韧带强，平衡能力完善，因此在攀爬跳跃时尽管落差很大，却不会因失去平衡而摔死。

（十二）猫之最

根据1988年出版的《吉尼斯世界大全》中记载：

（1）拥有猫最多的国家。美国1986年共有5 620万只猫。据统计约有29.4%的猫是家养猫。

（2）最小的猫科动物。猫科家族中最小成员是印度南部和斯里兰卡的赭斑猫，成年公猫的平均体重1.36千克。

（3）最长寿的猫。名叫“普斯”的斑猫，1939年11月28日在过完了它26岁生日后的第二天离开“人世”。它的主人是英国的霍尔韦。

（4）最轻的猫。名叫“埃博尼·埃布·霍尼”的雄性暹罗条纹的新加坡猫，1984年2月当它出生23个月后，体重仅794.2克，它的主人是美国的安格利。

（5）最重的猫。名叫“希米”的雄性斑猫，1986年3月12日死时（10岁）体重为21.4千克。它的主人是澳大利亚人，名叫托马斯。

（6）最富有的猫。名叫“查理·陈”的白色庭院猫。1978年1月，美国人格雷斯临终前，把价值25万美元的全部遗产给了这只猫。

（7）捕鼠最多的猫。苏格兰一家有限公司的一只玳瑁色雌猫，从1963年4月至1987年3月，平均每日捕鼠3只，估计总共捕鼠28 899只。

（8）子女最多的母猫。名叫“达斯廷”的17岁母猫，1952年6月12日在美国产下了它的第420只小猫。

（9）一窝产子最多的猫。一只4岁的褐色缅甸猫，1970年8月7日产下19只小猫（其中4只小猫出生后即死亡）。它的主人是英国的瓦莱里亚。

二、猫的分类与品种

◆ 猫的分类

猫的品种分类同其他动物一样复杂，目前，世界上被确认的家猫品种大约有200多种，分类标准各国均有所不同，主要是以猫的外观来区分，可分为长毛猫和短毛猫两大类。另外，按生活环境猫可分为家猫和野猫两类；根据猫被毛的颜色将其分为黑猫、白猫、狸猫、花猫、虎皮猫等等；按用途猫可分为表演猫、捕鼠猫、皮用猫、肉用猫、实验用猫和观赏猫六类。

（一）长毛猫和短毛猫

长毛猫被毛较长，大多比较温顺，在换毛季节每天都得刷毛梳毛，在平时则每两三天一定要梳刷一番。同时，长毛猫还需要给予较多的关照。此类品种如波斯猫、安哥拉猫、巴厘猫、伯曼猫等等。

短毛猫被毛较短，动作灵敏，容易梳刷，花几分钟就够了，照料起来相对简单一些。此类品种如阿比西尼亚猫、埃及猫、俄国蓝猫等等。

（二）纯种猫和杂种猫

纯种猫一般比较名贵，为了保持其血统的纯正，势必得让其在有限的血源内交配（也就是近亲交配），因而能够培育出非常漂亮的突出的外形，在展览比赛上可以屡屡获奖。

杂种猫是用不同血统的猫交配所得的品种，这样可以得到更多品种的猫。

（三）家猫和野猫

家猫通常是指经过长期的驯化过程而被人们饲养在家中的猫，这类品种的猫一般性情比较温顺。

野猫是指长期在野外生存而未被驯化的品种。由于长期在孤独、恶劣的自然条件下生活，大多数寿命较短，但是一旦生存下来的个体，其适应能力及抗病能力都比较强。

（四）幼猫和成年猫

幼猫娇小，毛茸茸的很可爱，只是要花工夫照料。每天固定吃好几餐，生病时比成猫问题严重。

成猫不需要太多生活上的照顾，自己会用便盆，一天一至两餐就够了。它也会自己清理被毛，自得其乐。

（五）公猫与母猫

区别公、母猫的简单方法为：公猫尾巴下面有两个点“：”，像冒号一样，母猫的则像一个倒过来的感叹号“！”，即肛门孔呈圆点状，其下部的外生殖器开口呈扁的裂隙状。

公猫对主人通常比较友善，而母猫则比较小心翼翼，它经常要确定它接近的主人安全与否。公猫会毫不犹豫地跳上你的大腿，母猫则会先试探一下再跳，而上来之后，它也要先适应一会儿，最后才放松趴下。

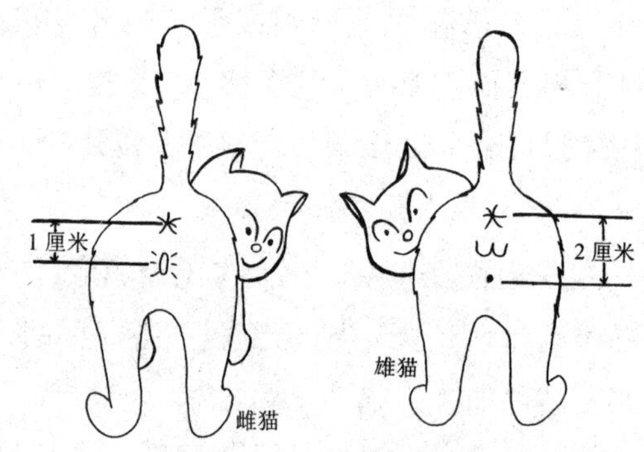

雄、雌猫的辨别

◆ 国内的猫咪有哪些品种

（一）狸花猫

狸花猫又称虎皮猫，以河南、陕西为最多。它身体主要部分有黑、灰相间或黄、白相间的条纹，形如虎皮，而颈部和腹部毛为黑白色、黄白色。它的被毛中长，光亮而润滑。

主要特征：狸花猫善于捕鼠，产子率高，但怕寒冷，抗病力弱。

（二）云猫

云猫分布在我国南方各地，因毛色像天上的云彩而得名。又因其喜欢吃椰子树汁和棕榈树汁，又被称为椰子猫或棕榈猫。

主要特征：云猫的毛色呈棕黄色或黑灰色，头部一般为黑色，眼睛的下方及侧面有白色斑点，身体轻巧，两侧有黑色花斑，背部有几条黑色纵向条纹，四肢和尾部呈黑褐色，外观很漂亮，是一种珍贵的观赏猫。

云猫的繁殖期不固定，繁殖力很强，一年两窝，每窝产2～4子。

（三）山东狮子猫

山东狮子猫产于山东的临清，因其颈部长有长毛形如狮子而得名。主要特征：山东狮子猫身体强壮，纯种山东狮子猫为白色长毛，颈、背部毛长达4～5厘米，站姿犹如狮子。也有黑白相间毛色的品种，但以纯白的较为珍贵。其中以山东省临清的长毛狮子猫最为名贵，临清狮子猫除了全身披着厚厚的雪白长毛外，有的还长着一黄一蓝的鸳鸯眼（也有人称阴阳眼），非常美丽。

山东狮子猫

山东狮子猫抗病力强，特别耐寒冷，善于捕鼠，但繁殖力不强，每年产一窝，产子2～4只。

（四）四川简州猫

四川简州猫是中国广大农村饲养的捕鼠猫。它体型高大强壮，动作敏捷灵活，是捕鼠能手。

◆ 国外的猫咪有哪些品种

（一）长毛猫类

1. *安哥拉猫* 安哥拉猫起源于土耳其，是最古老的品种之一，16世纪传入英国和法国，受到极大欢迎。曾经是最受欢迎的长毛猫品种。但是自从有了波斯猫后，土耳其的安哥拉猫就逐渐失去了首宠地位。

主要特征：安哥拉猫身材修长，颈长，背部起伏较大，四肢高细，头长而尖，耳大直立，两眼外角上翘，眼大如杏核状，呈蓝色、金黄色。全身被毛为棉细长毛。夏季换毛时除尾部仍保留长毛外其余几乎脱净。安哥拉猫被毛以白色为正宗纯种，也有黑色、红色或褐色品种。

安哥拉猫动作敏捷，独立性强，不喜欢被人抚抱。该猫最逗人之处是特别喜欢水，能在小溪或浴池中畅游，憨态可掬。

安哥拉猫繁殖力强，每窝平均产4子，小猫出生后就能睁眼，而且发育快，幼猫特别喜欢玩要嬉闹，极其逗人喜欢。

2. *巴厘猫* 巴厘猫起源于20世纪40年代，名称源自印度尼西亚巴厘岛优美的舞蹈家，原产于美国，是暹罗猫与安哥拉猫的混血种。

主要特征：巴厘猫身体苗条，头呈长楔形，体毛可长到5厘米。颜色为淡紫重点色。

巴厘猫生性活泼好动，非常有趣。最早出现在人们认为是纯暹罗猫血统的猫中。当时养猫者几乎不感兴趣，但是巴厘猫的吸引力逐步扩大，所以品种便开始发展。因为长毛是隐性基因，因此，任何两个巴厘猫交配必然生出中长毛型的巴厘子猫，但也采用异种型杂交，以保持暹罗猫短毛的外形。

3. *波斯猫* 凭着其细长、柔软而蓬松的毛发及其娃娃般的面孔，令它成为众多品种之中最流行的一个品种。波斯猫原产于西亚，是由安卡拉猫和安哥拉猫杂交育成，后来传入英国，经过长期改良后而定型。波斯猫几乎成了纯种长毛猫的代名词，在世界范围内受到最广泛的欢迎。

主要特征：大多数国人认为只要是纯白长毛，黄蓝眼或两只纯蓝眼即是纯种波斯猫，其实这种说法很错误，因为纯种波斯猫不仅有白色的，其他颜色的也占相当的数量，以红色最为稀有。最关键的是许多“盗版”波斯猫鼻梁都很高，而纯种波斯猫鼻梁很低，鼻子很短。

一只典型的波斯猫应拥有强壮而均匀的骨架，但不乏柔和及圆滑的线条。整个头部扁平，脸部呈圆形，额头宽阔；耳朵短小，耳尖呈圆形，耳毛较长；鼻子短而宽扁，鼻头上翘；上唇长胡须部分肥厚，眼睛大且圆，双目间距较远，多以橙色、黄色为主，蓝眼和双色眼也会出现；典型的圆筒形躯干，体毛长而柔软，好像一个圆圆的绒球；四肢短粗，猫爪部分也很肥大，使猫的整体显得低矮结实；短尾粗壮柔软。

波斯猫根据毛色可分为白波斯、蓝波斯、绿波斯、黑波斯、金波斯、红波斯等17个类型。

波斯猫天资聪明，反应灵敏，举止大方，爱撒娇，叫声小。它们一旦在新的环境中感到安全，便会流露其甜美及善良的性格，深得人们喜爱。它们喜欢在地上活动和玩耍，并不喜欢跳跃及攀爬。

成年波斯猫体重3～5千克，体长30～40厘米，每窝产子2～3只，出生时毛短，6个月后长出长毛，经两次换毛后可长成长毛。由于其被毛密长，夏季不喜欢被人拥抱，而喜欢独自躺卧。

4. 伯曼猫　伯曼猫又称“缅甸圣猫”，相传起源于缅甸。传说伯曼猫颜色的来源是这样的，有一个庙宇守护神是一只金黄眼睛的白色长毛猫，而庙宇的尊贵女神的眼睛则是深蓝色。庙宇的住持与一只猫为伴，在一次遇袭中去世，而在住持去世的时候，爱猫踏在住持的身上并面向尊贵女神，在这时候，神迹显现使白猫的毛盖上一层金色，眼睛变成蓝色，面、脚及尾巴都变成泥土颜色，但踏在主人身上的四只脚却保持原有白色。爱猫过了七天后便死去，把住持的灵魂带到极乐世界。

在现代历史中记载，一对伯曼猫首次于1919年从缅甸运到法国，在运送途中，雄猫死去，只剩下母猫及其腹中小猫，从此伯曼猫在欧洲不断发展，于1925年在法国被确认。但在二次大战期间，全欧洲的伯曼猫只剩下两只，为了挽救这个濒危的品种，专家惟有以异种交配方法，重新建立这个品种。从此以后，一般伯曼猫的注册必须最少有五代的纯种血统。伯曼猫于1966年被英国确认。

主要特征：伯曼猫的体形比典型的波斯猫的体形长，个体大、强壮、拥有长而幼细的被毛，但不及波斯猫的丰厚。脸部较窄，躯干毛色为浅金黄色，但面部、尾部和四肢为黑色（也有呈绿色、紫色和巧克力色），与躯干颜色形成鲜明对比。前爪顶端为白色，后爪不仅前端为白色，一直到腿部后面也全为白色，四脚的“白手套”标记是伯曼猫的独特之处。眼睛圆而大，呈蓝色。

伯曼猫习性温文尔雅，非常友善，喜欢与人类作伴，对其他猫友好。该猫生长快，早熟，7个月后可发情交配，每窝产3～5子。

该猫品种有两个变种：海豹色重点色伯曼猫（带深褐色重点色的淡乳黄色猫）；以及蓝色重点色伯曼猫（带蓝灰色重点色的浅蓝——白色猫）。

5．*布偶猫* 布偶猫又称布拉多尔猫，是猫中体型和体重最大的一种猫。

主要特征：布偶猫身体长，肌肉发达，胸部宽，颈粗而短。被毛丰厚，四肢粗大，尾长，身体柔软，多为三色或双色猫。眼大而圆，重要特征是脸上有“V”形斑纹。

布偶猫性格温顺和好静，对人非常友善，忍耐性强，常被误认为缺乏疼痛感。布偶猫由于能容忍孩子的抓弄，最适宜有孩子的家庭饲养。

6．*蒂法尼猫* 蒂法尼猫起源于20世纪70年代，原产于美国，其祖先为缅甸猫的混血种，最初只简单地被称为长毛缅甸猫，在美国也不太引人注目。然而近来在英国因被用来培育亚洲短毛猫而颇受欢迎。

主要特征：蒂法尼猫颜色和红色缅甸猫一致，但体毛明显较长，在颈周围形成“毛领圈”，尾毛也长多了。

目前蒂法尼猫为数仍不多，但随着颜色的增多，知名度很可能提高。

7．*金吉拉猫* 其英文名原意其实是一种绒鼠的名称。原产地英国，属于新品种的猫，由波斯猫经过人为刻意培育而成，养猫界俗称“人造猫”，是一种非常可爱的猫种。在欧美等国家的金吉拉猫以单色系较为普遍，经过多年的人工培育，目前色系已衍生出许多样。

主要特征：金吉拉猫四肢较短，体态比波斯猫稍娇小但显得灵巧。金吉拉猫全身都是浓密而有光泽的毛，毛色一般为银色及黄金色，毛色呈渐变，身体两侧、脸部、背部、头、尾毛尖变黑。金吉拉猫眼大而圆，眼珠的颜色以祖母绿、蓝绿、绿色或黄绿色为多。全身的毛量丰富，尾短而且蓬松类似松鼠的尾巴，非常迷人。

金吉拉猫身体强健矫捷，个性独特，喜欢安静。性格温顺而且较为听话，懂得认人，善解人意和亲近人，但“自尊心”也很强。在经济条件允许的情况下，是家庭养猫爱好者的佳选。

8．美国卷耳猫　第一只美国卷耳猫于1981年在美国的加州被发现，它那双与众不同的耳朵是由于遗传基因突变而形成的。

美国卷耳猫有长毛及短毛两个品种，亦有多种颜色和图案，但在美国有关的比赛中，无论是长毛猫还是短毛猫均归纳于长毛猫类。

主要特征：典型的美国卷耳猫体型匀称，肌肉丰满，雌猫体重一般为2.3～3.6千克，雄猫的体重为3.2～4.5千克。头部呈椭圆形，鼻子挺直，没有鼻节，由眼睛的底部上延至额头。下巴结实，与鼻及上唇成一直线。耳朵向上翻起90°～180°，呈旋转状，底部宽阔。眼睛呈胡桃形，稍带倾斜。

美国卷耳猫聪明伶俐。刚出生的小猫，其耳朵都是直的，但在出生后的二至十天之内，耳朵便会渐渐向后翻起，直到四个月大的时候便会定形。

9．缅因猫　缅因猫是美国把欧洲安哥拉猫与北美大陆土种短毛猫杂交改良育成，是家猫中的传统品种，也称美国短毛猫。

主要特征：缅因猫头额宽阔，颈部中等长度，耳大，鼻梁有凹陷处，眼睛椭圆，有蓝色、绿色和金黄色。身体强壮，四肢较高，肌肉发达，尾长，被毛以肩背部细密较短，颈部毛长而蓬松，尾部和腹部毛长而厚密。毛色为红色、棕褐色、巧克力色，有时有条状或块状斑点，以有银色条纹的最名贵。

缅因猫身体强壮高大，重可达10千克，耐寒抗病，善于跳跃，善于捕鼠，重感情，易与人相处，许多人用它作看家猫。

缅因猫发育较慢，大约4岁后才发育成熟，每窝产子2～3只。初生小猫体重不大。

10．挪威森林猫　挪威森林猫的祖先是北欧的斯堪的纳维亚半岛的一种家猫。为抵御严寒，皮毛渐渐变得丰厚，颇具魅力，还曾出现在北欧的神话中，因而颇受人们的青睐。

主要特征：挪威森林猫外观与缅因猫相似，毛色品种丰富。为适应非常寒冷和恶劣

挪威森林猫

的环境，它具有比其他猫更厚密的被毛和强壮的体格。挪威森林猫体大肢壮，奔跑速度极快，不怕日晒雨淋，行走时颈毛和尾毛飘逸，非常美丽。挪威森林猫性格内向，独立性强，机灵警觉，喜欢冒险，不适宜长期饲养在室内，最好饲养在有庭院的家庭。

11. 索马里猫　索马里猫，原产于非洲。据说，索马里猫是1967年由纯种的阿比西尼亚猫突变产生出来的长毛猫，经过有计划繁殖而形成的品种。在欧美等国经过繁衍培育，至1983年才得到英国养猫协会的认可，1991年在英国猫迷管理委员会夺得冠军地位。

主要特征：索马里猫的长相基本上与阿比西尼亚猫一样，身材苗条优美，略圆；脸也是稍圆的楔子形；一对大耳朵呈宽的“V”字形；杏仁眼的上方是黑色的眼皮，给人留下深刻的印象。索马里猫初生时是一身短毛，毛会迅速变软，但被毛会随着猫长大而渐渐变得平滑和富有光泽。被毛中等长度，相当柔软、细而浓密，在肩部较短，但在后腿上却有着长毛，尾毛也十分浓密。毛色有栗银白色、棕红色、深红色、蓝色、银乳黄色、淡紫色、蓝银白色、银白色、巧克力银色等十一二种之多。其中深红色又是阿比西尼亚猫和索马里猫的代表色，最为普遍。所有的索马里猫的眼睛都是琥珀色、浅褐色或绿色的。

索马里猫十分聪明，性格温和，善解人意。它的运动神经极为发达，因而动作敏捷，喜欢自由活动，因而不适宜长期关养在室内。

12. 土耳其梵猫　土耳其梵猫起源于17世纪，产于土耳其东南部凡湖周围地区。一年中被毛长度不等，夏季明显较短，冬季要厚得多，可抵御土耳其冬季的严寒。1955年被两位摄影师带回英国。

主要特征：土耳其梵猫的斑纹图案非常有特色，头上的红褐色毛区局限于眼睛以上，且不能延伸至耳后。鼻子为白色，清晰而垂直的白色面斑把头上红褐色区分成两半，尾巴也是红褐色。

土耳其梵猫生性爱水，游泳的动作十分敏捷；还是灵活的攀爬者，而且叫声悦耳动听。

13. 韦尔斯猫　韦尔斯猫原产于加拿大，国内较为少见。据说在1960

年时繁殖曼岛猫的过程中，偶然诞生了长毛的小猫，即韦尔斯猫。

主要特征：韦尔斯猫在体型特征上跟曼岛猫一样，前脚短后脚长，也是没有尾巴的猫咪，其中分为无尾及短尾两种，在数量上比曼岛猫更稀少。韦尔斯猫有着美丽且毛质极为优秀的被毛，非常地柔软细致，摸起来像是高级丝缎一般。被毛分为两层，内层是生长细密的底毛，外层披着蓬松的长软毛，更衬托出其浑圆的外形，让人有温暖的感觉。虽然是长毛猫，但浓密的被毛却不易缠结，且易梳理。韦尔斯猫有着灵巧的脚掌，前腿短、后腿长，臀部发达，侧腹深陷，耳大而宽、耳末端呈尖形，侧看身体从肩部至臀部成拱形。除巧克力色、淡紫色猫和喜马拉雅型猫外，所有颜色的韦尔斯猫，只要眼睛颜色和被毛颜色相称都受到承认。

在繁殖问题上，因基因关系，从不在韦尔斯猫中进行同种交配，培育程序中，长尾猫担负极重要的功能。该猫性格与曼岛猫相似，聪明伶俐，感情丰富，很容易与人亲近，对主人更是忠诚温顺，表达出淡淡而细腻的感情，是容易教养的聪明猫咪。动作敏捷、灵巧也是其天赋本能，除擅长爬树外也喜欢游泳，因为这种猫拥有能够防水的被毛保护。

14. 西伯利亚猫　西伯利亚猫原产地在俄国。主要特征：西伯利亚猫的体型在猫当中算是较大的，整体而言是非常强壮的，被蓬松的被毛所覆盖。其生长在寒冷地带，所以被毛很厚。该猫外形看上去非常温顺，颜色有棕色鱼骨状斑纹、蓝色斑纹白色、黑色夹斑纹，以及斑纹白色等各种颜色。

由于生长在自然环境严苛的国家，所以练就了坚强的忍耐力。在寒冷时期，它的被毛会增厚，所以在东北等北方地区也可以饲养。

15. 喜玛拉雅猫　喜玛拉雅猫是20世纪30年代由美国和英国同时用暹罗猫和波斯猫杂交培育而成，在欧洲称为色点长毛猫。

主要特征：喜玛拉雅猫的毛色和蓝眼睛与暹罗猫完全一致，但体型和脸型与波斯猫相似，被毛长，白色，但在头部、面部、耳部、尾部和四肢有深色斑点，斑点的颜色有蓝色、巧克力色、红色和淡紫色。喜玛拉雅猫因耳大头宽、尾与四肢粗短、鼻子平直、反应灵敏、聪明伶俐和性格比较温柔，并能通过悦耳的叫声撒娇，从而博得主人欢心，特别适合精神需要安慰的人饲养。

喜玛拉雅猫母猫发情早，每窝产子2～3只，仔猫出生时全身被以短白色毛，几天之后开始出现色点，首先是耳部，然后是鼻子、四肢与尾部，母猫一周岁可繁殖，公猫18个月后可作种猫使用。

16. 爪哇猫　爪哇猫起源于1973年，原产于英国，但其外貌更符合东方猫的特点。

主要特征：爪哇猫具有东方猫的典型特征，体态轻盈优美，头呈楔形。目前人们已经培育出许多颜色和图案的爪哇猫。

爪哇猫感情丰富，招人喜爱。

（二）短毛猫类

1. 阿比西尼亚猫　虽然阿比西尼亚猫是最久远的品种之一，但其历史至今仍然受到争议。据说其原产于非洲的阿比西尼亚（现在的埃塞俄比亚）。这种猫是在英国培育定型的，饲养历史悠久。20世纪初它传入美国，并在美国首先进行了品种注册。目前它是西欧、北美各国饲养者最喜欢的猫咪之一。

主要特征：阿比西尼亚猫仍然保持非洲野猫祖先的原始样貌。从外表看，阿比西尼亚猫有类似古埃及猫的颜色及图案，身体修长，四肢高细，肌肉发达，脸呈圆形，鼻梁高直，眼睛呈杏核状，有金黄色、绿色和淡褐色（颜色越深越名贵）。耳大直立，全身被毛细密呈黄褐色，其实每条毛均由2～3条深色的条纹所组合而成，亦因此呈现出色彩缤纷的效果。毛质柔软、犹如丝质一般，有光泽，中等长度，外表与非洲狮十分相像。

阿比西尼亚猫活泼好动，对主人有感情。喜欢水，对水有好奇感。每窝可产子4只。幼子个体较小，发育比较慢，开始时全身毛色较黑，随着生长发育，颜色逐渐消退变浅。

2. 埃及猫　埃及猫是一种色点猫，在古埃及被奉为神猫，具有相当久远的饲养历史。埃及猫的祖先曾出现在古埃及的壁画上。它属于真正的自然品种的猫。据说在20世纪50年代英国就有埃及猫，但是与现在的埃及猫不是一个品种，而纯正的埃及猫是20世纪70年代才由埃及传到英国。

主要特征：埃及猫体型与阿比西尼亚猫相似，稍胖圆，腿短，头圆尖，耳根宽，耳内侧呈透明的淡红色，眼睛为浅绿色，被毛中等长度，毛色呈色斑，斑点很特殊，在额头及面部有深色条纹，颇像英文字母“M”，颈部呈细线环状，肩部条纹放宽，肩部以后又变成斑点状，埃及猫的色斑十分惹人喜爱。

埃及猫毛色大体有三种类型，即：银白色带黑色斑点、银白色带巧克力色斑点和灰色带黑色斑点。

埃及猫对人友善，活泼顽皮，依恋主人，叫声轻细、优美，而且记忆力好，是有趣的伴侣动物。但它生性胆小、懦弱，较为敏感，怕生人，如不加看管，容易逃脱。

3．波米拉猫　波米拉猫原产于英国，活泼而友善。

主要特征：波米拉猫头部短，呈楔形，鼻梁凹陷。其被毛细短、柔软且紧贴身体。身体底部几乎全部为白色，毛尖为淡紫色，再加上绿色的眼睛、红褐色的鼻子以及头、腿和尾巴上少许较深色的斑纹，看上去非常漂亮可爱。

4．德文卷毛猫　该猫生性顽皮，逗人喜爱。

主要特征：德文卷毛猫为暗灰黑色，毛细短而柔软，卷曲或呈波浪形，毛的长度和波浪形图案也不太均匀。有些猫看上去前腿弯曲，但这是一种错觉，造成这种错觉的原因是猫的胸宽，所以并非天生缺陷。人们普遍认为这个品种的重要特征是外形和被毛品质，颜色无关紧要。

5．俄罗斯蓝猫　俄罗斯蓝猫原产于斯堪地那维亚。1860年传入西欧，本世纪初传入美国。二次世界大战以后俄罗斯蓝猫数量急剧减少，为保存这个品种，培育者用蓝重点色暹罗猫来进行杂交，这样所获得的猫外形更具异国情调。近年来培育者已努力使其恢复独特的传统外貌。

主要特征：俄罗斯蓝猫身体修长，头顶平坦，额部凹陷，头部稍尖，耳朵大而尖，眼角上翘，杏核状眼睛应是翡翠绿色。毛发独特，质地似海豹皮，颜色应是中等深度的纯蓝色，泛出银色光泽，鼻子和掌垫也是蓝色，但幼猫除外。由于被毛短而细密，绒毛层很厚，光滑而有光泽，十分耐寒。

俄罗斯蓝猫叫声细小，易与人相处。发情期无明显特征，一窝产4子，小猫被毛上常有深色斑点，在换毛后消失。

6．哈瓦那猫　哈瓦那猫是20世纪50年代由英国人工培育出来的新品种，是暹罗猫和短毛黑猫的杂交品种。据说因毛色像著名的哈瓦那雪茄的颜色而得名。

主要特征：哈瓦那猫身材和暹罗猫相似，具有暹罗猫纤细优雅的体形，但是比暹罗猫粗壮，全身被有深棕色的短毛，额面部凸出，两耳大而前倾，非常聪明。被毛上没有色点，眼睛为杏仁形，呈绿色。英国的哈瓦那猫样子比较像美国的外来种纯褐色猫，保持着一种暹罗猫形态。而美国的褐色哈瓦那猫的体格更接近俄国蓝猫，而不像暹罗猫，因为美国哈瓦那猫的头比英国哈瓦那猫的头短，而毛却较长，而且，它的体型是半矮脚马型的，而不是肌肉发达的结实型。

哈瓦那猫习性遗传于暹罗猫的血统，聪明，叫声小，对人亲切，但是要求人给予格外关注。

7．加拿大无毛猫　在1966年加拿大的多伦多市，一只黑白家猫产下一只没有毛的小猫，这便诞生了今天为人认识的加拿大无毛猫。目前，已培育出各种颜色和斑纹的品种。

主要特征：加拿大无毛猫并非完全没有毛，它的毛很幼细而且紧贴皮肤，在它的鼻子，尾巴和脚趾其实长有少量的毛。加拿大无毛猫的皮肤就像一个绒面的暖水袋，加拿大无毛猫拥有所有猫的颜色，这些颜色全显现在皮肤上。无论哪种猫，眼睛颜色应与体色相称。

加拿大无毛猫中等体型，骨骼结实，肌肉发达。雌性成猫体重约2.7～3.6千克，而雄性成猫则达3.6～4.5千克。

这些猫被毛较少，意味着它们不仅怕冷，而且怕热，而且白色部位易晒黑。由于缺乏被毛，加拿大无毛猫是需要定期的洗澡以清洁身体上的油垢。

8．加州闪亮猫　加州闪亮猫起源于1971年，产于美国。其特有的外貌并不是由野猫或近亲交配而得，而是以八个不同血统的猫为基础培育出来的。当时，人们对加州猫极感兴趣，而现在种猫的培育者很少，所以许多人为得到子猫只好耐心等候。

主要特征：加州闪亮猫被毛短、柔软而油亮，被毛上银色的底色衬托出黑色的斑纹，这种对比是斑纹的重要特征。

加州闪亮猫天性活泼，喜与人亲近，适合作为你的伴侣。

9. 卡尔特猫　卡尔特猫，原产于法国，据说是由法国卡尔特派的修道院僧侣培育出来的品种。在法国，虽然会捉老鼠的猫咪很受农家欢迎，但为了保持卡尔特猫闪亮的被毛，它并没有被繁殖来作捕鼠猫，反而经常被人们饲养着，直到1970年左右，它的血统才流传到美国。

主要特征：卡尔特猫体型稍胖，毛色为蓝灰色，这是卡尔特猫最大的特色。它那一身蓝灰色的弹性被毛，既厚又柔软，并且闪耀美丽光泽，极具魅力，属于被毛略长的短毛种猫。头稍大呈圆形，配上一对鼓鼓的双颊，金黄色的眼睛圆大明亮，表情丰富，看起来颇为聪明可爱。

卡尔特猫身体健壮，忍耐力很强，能适应各种不同的环境。性格温柔，非常乖巧、有教养。易与人亲近，会对饲主表现出它的情爱及献身精神。虽然对陌生人会有戒备心，但不会攻击人，如果你能温柔地对待它，它会很快地与你亲近起来。

10. 康瓦尔王猫　康瓦尔王猫亦称康瓦尔帝王猫、康沃尔王猫，科尼什猫，是王猫（又称雷克斯猫）中的一种。王猫有两种，即康瓦尔王猫和德文王猫。1950年，第一只康瓦尔王猫出生在英格兰康瓦尔郡的一个农庄。这只短毛猫的卷毛变异种，经不断同母猫进行交配，得到许多王猫。1975年，这些康瓦尔王猫中的一只首次抵达美国，经同来自德国的突变种重复交配，使其数量不断增加。与此同时它也和各种不同的品种互相交配繁殖，结果产生许多体型宛如流线形的东方类型，毛色也几乎包括所有颜色，使得康瓦尔王猫成为毛色众多的品种。

主要特征：康瓦尔王猫体型中等，长而优美，骨胳纤细，背线拱形，髻甲部紧凑，胸宽大而深，腹内收，腹部毛平行于背、卷曲。全身被毛从头到尾均卷曲，连胡须也卷曲。被毛仅有下毛，而无上毛。毛质柔软，有丝绸般触感，毛密生，紧贴于体表。毛色多样，有单色、烟色、条纹、斑点、混合色、浸渍毛色等几大类。其中白色、蓝色、橘红、乳白、微黄、虎斑、棕色较为多见。头部上端稍窄、呈浑圆。脸形细长。耳朵到下颌成一直线。从侧面看，额中央到鼻梁高高突起如拱形。胡须部凹陷明显，胡须弯曲。口吻紧凑。鼻长为鹰钩鼻，下颌发达有力。耳大，耳端稍呈浑圆，高于头部并直立，两耳间距宽。眼睛大呈卵圆形，稍吊眼角，眼睛炯炯有神，眼色为金黄色、古铜色、蓝色等多种。四肢细长，肌肉结实。脚趾卵圆形，趾爪紧凑、强健、有力。尾巴长而细，尾端尖，尾柔软而富有弹性，宛如鞭子一样。康瓦尔王猫聪慧，安详温柔，顽皮好奇，容易饲养。

11. 曼克斯猫　曼克斯猫又称曼岛猫、海曼岛猫、曼库斯猫、曼岛无尾猫。该猫最显著的特征就是无尾或短尾，又称“无尾猫”。其次是圆头、圆嘴、圆眼、圆耳。该猫由于四肢发达，步法奇特如兔子跳跃，故又有“兔猫”之称。

曼岛猫原产于英国和北爱尔兰之间的曼岛，历史悠久。早在1901年在英国就有了曼岛猫俱乐部，据说当时的国王爱德华七世就养了几只曼岛猫。有关曼岛猫的起源有众多美丽的传说。相传创世纪时，由于洪水袭击，诺亚带了许多动物上了方舟进行逃避，匆忙之中在关上方舟的门时，不小心把猫尾巴夹掉了。还有的传说是，1588年西班牙无敌船队的一只船于曼岛附近沉没，船上几只猫逃上曼岛成为曼岛猫的祖先。又有的说是爱尔兰入侵者喜用猫尾做头饰，母猫为防止小猫免遭毒手而把小猫的尾巴一点一点地咬掉。从这些传说中，可见人们的宠爱之心。曼岛居民也为能有如此受世人庞爱之猫感到无比骄傲，为此特意在硬币上铸上曼岛猫的形象。

要知道谁是海曼岛猫真正的祖先十分困难，但很明显，长毛和短毛的海曼岛猫均拥有其原始突变的特征。在曼岛的记录里，曾记载海曼岛猫是由曼岛上的家猫基因突变而产生的。如今，曼克斯猫虽因其形状特别而受欢迎，但其分布不广。

主要特征：曼克斯猫身材短小，肌腱发达，颈粗腰短，胸宽深，背短，从肩部到臀部明显呈拱形，尾高于肩部，腰腹肌肉丰满，臀部圆满，整个体形浑圆似桶形。被毛为双层被毛，毛短而密，富有弹性，上层硬而有光泽，下层厚而柔软如棉。毛色有单色、双色、斑纹、混合色等色系。

其中以青、蓝、紫、红、褐色多见。头盖圆，颊部丰满，口吻圆满，鼻长中等，鼻梁塌。耳朵大小中等，基部宽，耳端浑圆，两耳间距宽，眼睛大而圆，四肢骨骼强壮，前肢短，与宽深胸部比例协调。后肢长，大腿肌肉厚实，腰比肩高。脚趾圆形，结实有力。尾巴有四种类型：第一类为完全无尾，只是在生长尾巴的部位有一点褶；第二类为只有短短的尾椎，外观上形成一个突起；第三类为尾很短小，常常是弯曲的，扭来扭去；第四类尾长接近正常。

曼克斯猫伶俐聪明，易于训练，性情温顺，善爬树。一窝产2～3子，成活率低，比较难得。

12. 美国短毛猫　美国短毛猫是美国特有的品种，它的祖先来自欧洲，跟随早期的开拓者进入北美洲。经过不断的繁殖，最终建立了土生的北美洲短毛猫。

美国短毛猫

主要特征：美国短毛猫拥有强壮而均匀的体型，雄性的体型明显比雌性大，雄性的体重一般5.0～6.8千克，而雌性则为3.6～5.4千克。身长略长于其高度，从侧面看，身体能均分为三等份，头大，面颊饱满，耳朵大小中等，耳尖略圆，眼睛大，上眼睑尤如一粒由中间破开的杏仁，下眼睑则是圆形，外眼角位置较内眼角高，明亮清澈。鼻子长度中等，从侧面看，向内弯的鼻梁从前额伸延至鼻尖，颚骨强壮，下巴结实，与上唇成平行线，爪呈圆形，有着厚厚的肉垫，被毛短、厚、均匀及质地较硬。

美国短毛猫不仅外形可爱，易于打理，而且随和温顺，健康长寿，其寿命可达15～20年之久。美国短毛猫由小猫完全长成为成猫一般需要3～4年的时间。

如果你正在物色一只能与你的家庭成员相处融洽的猫，而且能成为小孩子玩伴儿的话，美国短毛猫是一个不错的选择。

13. 美国硬毛猫　第一只纯培育出的美国硬毛猫诞生于1969年。

主要特征：美国硬毛猫除了被毛特征以外，其他方面都类似于美国短毛猫。近期有些培育者决定培育个头略小的硬毛猫。美国硬毛猫个性顽皮活泼，乖巧伶俐。

14．孟买猫　孟买猫于1958年在美国用缅甸猫和美国短毛猫杂交而成。1976年曾被爱猫者协会选为冠军。孟买猫以印度城市孟买而命名。因其外貌颇像印度黑豹，又称“小黑豹”。

主要特征：孟买猫为黑色，肌肉强健，身材中等，但体重相对于身体大小来说，可以算是“重量级”的了。被毛短密，有特殊光泽，毛质如丝绸般光滑，手感好。头圆，脸颊丰满而浑圆。鼻长中等，有凹陷，但无深的塌鼻梁，鼻镜黑色。两耳圆而直立。略前倾，两耳间距宽。眼大而圆，两眼间距大，眼睛为金黄色或紫铜色。四肢强健有力，与身体和尾巴协调一致。足掌为黑色。脚趾圆形，紧凑有力。尾巴长度中等，笔直，基部粗，尾端稍尖细。

孟买猫性情温和，稳重好静，聪明伶俐，反应灵敏，感情丰富，叫声轻柔，有时也略有些顽皮，越来越受到人们的欢迎。

15．缅甸猫　缅甸猫原产于缅甸，20世纪30年代传入英国，与泰国猫杂交培育后，又经美国改良而育成。这种猫在西方很流行。英国与美国对缅甸猫的体型、毛色特征具有不同标准。美国认为只有棕色的为缅甸猫，而英国对颜色认定较宽泛。

主要特征：缅甸猫头部上圆下尖，两耳中等，眼睛为圆形，颜色为金黄色或黄绿色，表情丰富。身体强壮，肌肉发达，全身有棕色、橙黄色、红色、巧克力色、深黑褐色等短而紧密光滑的被毛。缅甸猫勇敢活泼，喜欢蹦跳玩耍，是理想的观赏娱乐猫。

缅甸猫早熟，母猫7个月就可交配产子，每窝产5子。缅甸猫寿命较其他猫长，有的可长达20年以上。

16．欧洲短毛猫　欧洲短毛猫起源于1982年，原产于意大利。现在培育者正着重于把欧洲短毛猫培育成被毛图案轮廓清晰的品种。

主要特征：欧洲短毛猫底层被毛是白色，较长，被毛上的红色毛尖在背部显得最清晰，体侧红色变淡，并在身体下方逐渐过渡成白色。

欧洲短毛猫和其他本地品种一样，强壮、健康而且耐劳。另外其性格警惕敏感，捕猎本领强，是捉鼠能手。

17．日本截尾猫　日本截尾猫是在日本土种猫的基础上经过改良培养成的世界名猫之一。该猫是日本土生土长的猫种，在日本饲养的历史可追溯到很多世纪以前。

主要特征：日本截尾猫身短，前额宽，鼻平直，眼圆大，为蓝色或金黄色，两外眼角上挑。被毛以白色为基本色型，上嵌黑、红色斑点。集三色于一身的称为三色猫，为名贵品种。玳瑁色—白色花猫则被认为大吉大利。日本截尾猫主要特点是尾巴很奇特。尾巴很短，形状卷曲，上面的毛往外，向四面八方生长，蓬松颤动的短尾巴很像兔子的尾巴，十分有趣。日本截尾猫不完全像东方猫。虽然它的体形细长，但是比其他东方猫肌肉发达。

日本截尾猫叫声悦耳，活泼好动、温顺，对人友善。它坐着的时候往往要抬起一只前爪，据说这种姿势代表吉祥如意。

18．苏格兰折耳猫　1951年，一家牧场有只猫产下一窝小猫，里面有一只塌耳猫，因为原产地靠近苏格兰库泊安格斯，从此便称“苏格兰折耳猫”。最初的这只猫取名为“苏丝”，它又生下另一只白色折耳猫。这时，当地一位叫威廉罗斯的牧民决心从这只小猫着手试验，确立具有折耳特征的新猫种。

苏格兰折耳猫

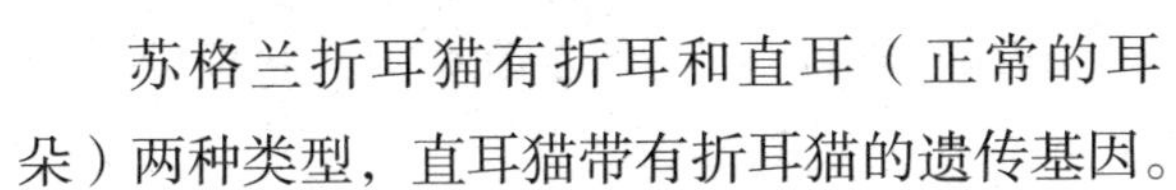

苏格兰折耳猫有折耳和直耳（正常的耳朵）两种类型，直耳猫带有折耳猫的遗传基因。

因外观迷人，苏格兰折耳猫引起了一大批人的兴趣。但滑稽的是，它们在国外要比在家乡苏格兰更常见，这主要是由于这个品种当时没有得到猫迷管理委员会的承认，因此英国的培育者对其几乎不感兴趣。

主要特征：理想的苏格兰折耳猫应该是头部浑圆，拥有强壮而有力的下巴及颚骨，短的颈，大而圆的眼睛，短而挺直的鼻子，细小的耳朵紧紧闭合着，且两耳距离较阔。中等身型，身材圆润，四肢粗壮，尾巴长度与体型成正比例。每一只猫的颜色由浅到中等深度不一，与白色被毛部位形成对比。蓝色毛在脱毛前可能会略微变成铁锈色。双色猫往往最受欢迎，尤其是颜色对比清楚的猫。

苏格兰折耳猫是理想的宠物，性格温顺，往往能和包括狗在内的其他宠物和睦相处。苏格兰折耳猫在刚出生的时候，耳朵都是直直的，大约到了三至四个星期大，它的耳朵便会折下来。也有的不会折下来，不过，只有耳朵折下来的折耳猫才能参加公开比赛。

19．泰国猫　泰国猫产于泰国和东南亚各国，又叫暹罗猫，它有着悠久的饲养历史。大约18世纪传入英国，上世纪传入美国，随后扩展到西方各国。目前是西方最流行的短毛猫品种。由于人工的培养与不断改良，因此泰国猫的花色极为多样。

主要特征：泰国猫身体修长高大，肌肉发达结实，显得非常机警，脸型尖长呈“V”字形，两眼两端上翘如杏核状，有深蓝与浅绿等颜色，眼睛明亮，耳大直立，鼻梁高直，四肢细长，尾巴尖细，末端常卷曲，身上被毛细短，毛色浅。

泰国猫感情非常丰富，对主人亲昵忠诚。性情好动伶俐，可学会翻跟头、叼物等技巧。该猫喜欢随主人外出，长途散步。它发育快，5个月母猫即可发情。小猫出生时体重比较大，3个月后就能离窝外出玩耍。被毛开始是浅色的，以后才出现斑点。泰国猫的缺点是情绪不稳定，喜欢大吵大闹，叫声烦人。

20．新加坡猫　新加坡猫又名新加普拉猫，为人所熟识的新加坡猫系出于新加坡本土，于20世纪70～80年代被带到美国。

据说在1970年，有一对爱猫的美国夫妇在新加坡发现了一只流浪于街头的小猫之后，便将其带回了美国，并于1979年获得了品种上的公认。由于其来自新加坡，故取名为新加坡猫。

主要特征：新加坡猫是猫中体型最小、体重最轻的一种猫。该猫中的母猫体重不到3千克。该猫体型为中等粗短胖型，肌肉发达有力，动作敏捷有弹性。体型细小的新加坡猫拥有如刺鼠般的毛色，相同的图案亦可在阿比西尼亚猫、兔子、松鼠及地鼠身上发现。皮毛短而紧贴，有光泽，前腿内侧及后膝均有条纹；头呈圆形，额上有“M”形斑纹标记，眼睛及耳朵非常大，眼睛可以是榛子色、绿色及黄色。所有新加坡猫均拥有同一颜色的皮毛，古象牙底色及毛尖染上深咖啡色，这便形成了深棕色的刺鼠斑纹。它的毛色往往给人柔弱的感觉，但事实却刚好相反，虽然个子瘦小，但却是肌肉结实的猫咪。

新加坡猫聪明活泼，好奇及亲切。生性老实厚道，对主人分外忠诚，对陌生人也无戒备之心，更不欺生。

21．雪鞋猫　雪鞋猫起源于20世纪60年代的美国，是美国短毛猫和暹罗猫的混血种。

主要特征：雪鞋猫肌肉发达，体型较大的特征是由美国短毛猫血统造成，而其身长则显现出暹罗猫的特征。毛短而光滑，白色区重叠于传统暹逻猫图案之上，带有这种斑纹颜色的品种正越来越受到更多培育。前腿上“白靴”达到脚踝，而后腿上则延伸至跗关节下。年龄较大些的猫往往颜色深一点，但关键是重点色和体色要形成对比。雪鞋猫公猫往往明显比母猫大，体重可达5.4千克。雪鞋猫生性活泼。小猫出生是白色，要2年时间才能长出清楚的斑纹。

22．异国短毛猫　异国短毛猫酷似波斯猫，惟一与波斯猫不同之处就是其毛短而厚，呈毛绒状。

主要特征：典型的异国短毛猫身材匀称，骨胳强壮，线条圆润。大而圆的头部，两眼距离较阔，脖子短而粗，鼻子短，鼻节高，面颊饱满，宽阔及有力的颚骨，下巴结实，细圆的耳朵微微向前倾，两耳距离较阔，爪子圆而大，尾巴短。该猫具有多种颜色及图案，包括纯色、烟色、斑纹、双色及重点色等等。

异国短毛猫性格好静，可爱，忠诚，又不失活泼和顽皮，对于一些喜爱波斯猫，但又忙碌而缺乏时间梳理猫毛的主人来说，异国短毛猫会是一个极好的选择。

三、乖猫咪的选购与喂养前的准备

◆ 乖猫咪的选择

上面介绍了猫咪的品种，接下来就教你如何选择一只适合自己喂养的猫咪。选择猫咪首先要从你的自身情况和实际需要出发，而不是一味苛求那些美丽、名贵的品种，其次还要注意选择猫咪的种类、性别、年龄、健康状况。此外，对于你要领养的猫咪的来源也要慎重选择。

（一）根据用途选择你所需要的猫咪

通过前面的介绍，你对猫咪的分类和品种有所了解了吧，但究竟选哪个品种作为你的伴侣好呢？这就很难用一个统一的标准来衡量了，一般应根据个人的需要来选择。如果你是一位离退休老人，需要一只猫朝夕相处、相依为伴，最好选一只活泼伶俐、顽皮好动的猫，它会给老人带来无穷的乐趣，消除寂寞感。比如泰国猫、缅甸猫、喜玛拉雅猫、日本截尾猫等。这些品种的猫体质强壮，体型修长，聪明伶俐，善解人意，可供选择。如果你是一位美丽的小姐，平常喜爱小玩偶一类的物品，最好选一只波斯猫或巴厘猫，它们温文尔雅，反应灵敏，好静少动，尤其是一身美丽的长毛，给人以一种华丽、高贵的感觉，顽皮、爱撒娇，叫声尖细优美，常常能博得人们的宠爱，尤其是在客人面前，主人抚爱猫咪，更显女性的温柔、善良。对于小孩来说，缅甸猫或泰国猫是好伙伴，它们天性聪明，活泼好动，对主人情深意厚，小孩会从与猫的玩耍中学会如何友善待人，理解爱和情感的需要，小孩子还可以通过照顾猫，培养自己的劳动观念和责任心。如果养猫是为了帮家里消除鼠害，则可选择阿比西尼亚猫，另外四川简州猫、山东狮子猫、狸花猫等，都是体壮灵活的捕鼠能手。如果养猫为选种育种用或专业户养猫，那么纯种猫或外貌独特、稀有名贵品种的猫将是理想的对象。

（二）选长毛猫还是短毛猫

长毛猫显得雍容华贵，娇美可爱，但需要为它们定期梳理，以使它们的毛发柔顺、健康。你必须准备一把刷子每天为其梳理，最好从它小的时候开始，以使其适应。如果猫的毛发已缠结在一起，如果在为其梳理时，它不肯合作，则必须设法让它安定下来，必要时甚至应让兽医将其麻醉。而短毛猫机灵敏捷，而且无需为其经常梳理，照料起来相对简单。

（三）选纯种猫还是杂种猫

纯种猫的种类比纯种狗少得多，世界上只有40多种猫，而纯种猫所占比例也小，尤其是在我国，大多数家庭饲养的猫咪都是杂种猫。纯种猫与杂种猫之间有很大的差别，一般地说，纯种猫不如杂种猫健康、对疾病抵抗力强和容易饲养，另外，纯种猫获得也比较困难，购买时价格昂贵，饲养需要时时谨慎，否则容易丢失。但是，如果你为了繁殖或参加猫展，就应选纯种猫。

（四）选公猫还是母猫

公猫好动，活泼可爱，对主人很亲热，也比较聪明，接受训练的能力比母猫强，经过训练可以学会很多有趣的动作，且体格健壮，抗病力强，饲养要求相对讲比母猫低些，较适合老年人或性格比较内向的人饲养。但有时公猫性情比较暴躁，攻击性强，有可能抓伤人或其他小动物。未去势的公猫个体长得比母猫大，并具有冒险精神和好奇心，爱打架斗殴，6～8个月龄时性成熟，喜欢外出游逛寻找母猫，用尿等标出势力范围，尿的气味特别臊臭。

母猫性情温顺、感情丰富，易和主人建立起深厚的感情，容易饲养管理。但当母猫5个月龄性成熟后，在配种季节，母猫每隔3～4周就有1次发情，求偶的叫声很难听，而且总想跑出户外，稍不注意就会出去和公猫交配。一般地说，配种季节母猫比公猫容易关在室内，如果主人想要小猫，还可选择优良公猫配种。母猫的抗病力较公猫差，特别易得产科病。

假如主人养猫不想再繁殖小猫，可请兽医给猫去势或摘除卵巢。这并不影响猫的聪明以及对人的感情，也不会影响猫和人玩耍的热情。一般建议，对母猫做卵巢摘除术会使母猫成为人们更好的宠物，因为这时母猫已不存在发情和妊娠的过程。公猫在幼小时进行阉割，就不会因到处“撒尿”而破坏房间的卫生，同时还可使公猫安心地呆在家里，不会再出去四处寻觅母猫。

（五）选幼猫还是成年猫

一个比较繁忙的家庭或老年人，最好选择饲养一只成年猫。成年猫的独立生活能力比小猫强，无需太多的照顾，也不必教那些它已经掌握的本领，如果必要的话，一天喂一次食就可以了。但成年猫在以前的环境中生活习惯了，较难适应新的环境，同时一些适合原来主人的脾性，也未必会一定得到新主人的喜欢。因此，成年猫换到新环境后的头几个月，不能任意让其跑出户外，以防外出后找不到家或重新回到原来的家去。

小猫就比较容易适应新的家庭和新的主人了，因为小猫对第一个家庭及其主人的印象比较浅，一般1周后就可以熟悉新的环境。像所有的小动物一样，主人需要花更多的时间来照料和训练小猫，比如训练小猫用便盆等，而且还要按时喂食，开始时每天要喂四五次。若小猫生了病，护理也要比成年猫麻烦得多。

家里的小孩常把小猫当成玩具，喜欢和小猫玩耍，这样很容易伤害小猫，而一只成年猫则会保护自己防止受到伤害，过不了多久猫和孩子就可以友好相处了。

如果家里养了其他小动物，就应该选择一只小猫，因为小猫的适应能力强，短时间内就可以熟悉其他小动物。如果家里要养一只能捕鼠的猫，就该选一只成年猫，成年猫敏捷、灵活，能胜任捕鼠工作。

（六）如何鉴定不同年龄的猫咪

要学会鉴定猫咪的年龄，主要依据是牙齿和毛发。一般情况下，猫咪生后第2～3周开始长乳牙，2～3个月长齐乳牙，并开始换牙，至6个月时，永久门牙全部长齐。1年后下颌门牙开始磨损，5年后犬齿开始磨损，7年后下颌门牙磨成圆形，10年以上时，上颌门牙磨损成圆形。也可根据毛的生长情况和毛的颜色变化情况大致鉴别猫的年龄。猫出生6个月后，长出新毛表示成年；六七年后进入中年期，此时，嘴部长出白须；到老年期，则头、背部长出白毛。

（七）如何选择一只健康的猫咪

当你决定要养一只猫咪，并且确定了猫咪的品种后，最关心的问题一定是怎样去选择一只健康的猫咪了。

在做决定前最好多看几窝猫，你应从猫舍干净并且猫咪生活得健康、快乐的地方购买猫咪。如果有条件，最好到猫咪主人家去挑选，先看看猫妈妈以及同窝猫的身体情况，因为父母辈猫身体的好坏，会直接影响下一代小猫咪的身体状况。要从品种优良、体质健壮、体型美观的后代中选择。

具体地说，需要注意下列几个基本问题：

1. 外观特征　在一窝猫中健康猫个体较大，体重与年龄相称，身上清洁且没有过敏现象，被毛浓密而有光泽，皮肤柔软，肌肉结实而有弹性，肚子饱满。大肚子的猫可能有寄生虫，而偏瘦的猫可能有其他疾病。

2. 精神状态　在不干扰猫的情况下观察猫，健康的猫咪表现活泼，喜欢玩耍，好奇心很强，并且会对陌生人感兴趣，并不害怕不乱叫。对主人呼唤或其他声响反应灵敏，闻声后两耳前后来回摆动。

3. 口腔检查　健康猫的口腔为粉红色。小猫牙齿为白色，成年猫稍黄。口腔黏膜白色，表示猫可能有寄生虫或贫血。口腔有臭味，表示猫可能患有胃肠道疾病或寄生虫病。口腔黏膜异常红，表示有炎症存在。

4. 眼睛检查　健康猫的眼睛大而明亮，眼角没有眼屎，不流泪。凡鼻端干燥或鼻孔有分泌物和打喷嚏的猫，都表示有病。

5. 鼻子检查　健康猫的鼻端湿凉，鼻孔干净无分泌物，无特殊异味。

6. 耳的检查　健康猫的耳朵里面干净，无分泌物，无特殊异味。还要注意耳螨的检查。

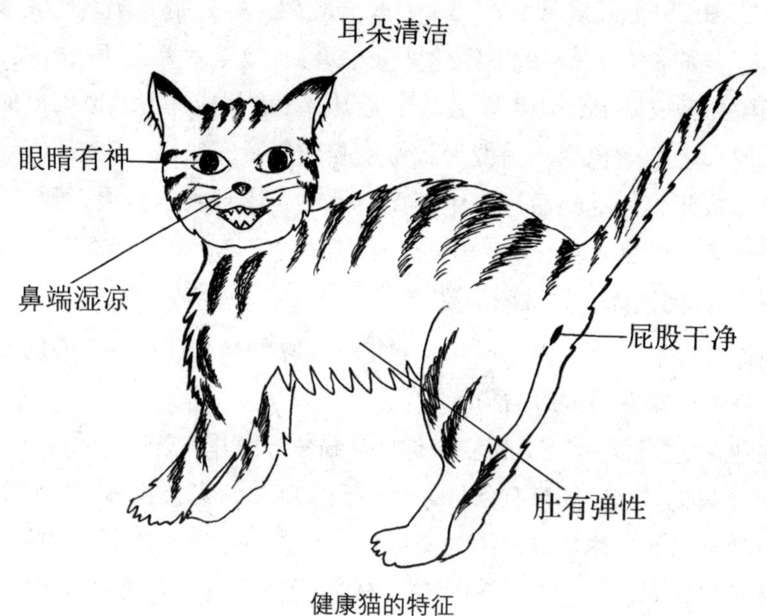

健康猫的特征

7. 肛门和阴门的检查　健康猫的阴门和肛门是干净的，无任何分泌物或虫体。肛门松弛和出现红色黏膜，是有病的表现。

8. 食欲检查　健康猫的食欲旺盛，吃食动作灵敏、活泼。

此外，你还应检查猫咪的疫苗接种状况及寄生虫状况，并取得相应的证明；而且，猫的主人还应对猫咪的饮食提出建议，并且会告诉你这一品种的猫咪需要什么样的特殊照顾。

（八）选择在哪里购买猫咪

猫的来源有许多。你的朋友或邻居可能会有猫要出售或送人，商店、报纸上可能也有小猫出售的广告，你可能因此而得到一只令你朝思暮想的乖猫咪。

许多途径可以得到我们需要的猫

有些商人从各种地方买来小猫后再向外卖，这种小猫最好不要买，因为这种小猫可能是早产出生的，而且它们有可能在长途运输的过程中一直处于恐慌的状态，这很容易使它生病，所以我们不应选择这种购买方式。

在饲养宠物比较发达的地区，会有专门的动物收容所，那里有许多极需要家的猫咪。但是你可能并不了解这些猫咪的历史及其健康状况，所以如果你想通过这种方式领养一只猫，最好先征求一下兽医的意见。

如果你想买一只纯种的猫咪，那么你应该去培育猫咪的专门机构。其他养猫的人、兽医、报纸及猫类杂志上的广告会向你提供这方面的信息。

◆ 猫咪的安乐窝

每个生命都是应该受到尊重的。既然你已决定了要养猫，你就要好好照顾它哦！可以说，猫咪是你的一部分，而你却是它的全部。它不会说话，甚至不懂得拒绝。你对它的一举一动都关系着它的健康和快乐，我们能不谨慎吗？

古人云“工欲善其事，必先利其器”。要想喂养猫咪，你首先得准备一些基本工具，有了这些工具，可以帮助猫咪健康地长大，而且在工具的辅助下，使猫咪从小受到良好的“教育”，也可以帮你省了许多事哦！

当然，猫咪最需要一个属于它自己的温暖安全的小窝，这样它才不会感到陌生和孤独。那么，我们怎样才能给自己的乖猫咪准备一个安乐窝呢?

对家庭养猫者来说，在买猫之前就应该准备好如猫窝一类的猫的日常生活用品。在国外，一般宠物商店均可买到这些日常生活用品。在国内，除一些大城市的宠物用品商店有售外，许多东西尚需主人自己动手，因陋就简地解决。猫窝就是猫咪居住和睡觉的地方。猫窝大体上分两种，屋形的和盆形的。大部分猫咪睡觉时还是喜欢有顶的屋形窝，无顶的盆形窝大多用于平时躺下休息。宠物店专卖的屋形猫窝外形类似我们用的旅行帐篷，整体呈锥形，所以开门处也会有一定的倾斜角度。因为猫是很机警的动物，这样的窝起到开阔视野的作用，可以消除猫咪的局促紧张和不安全感。家里有条件的最好两种窝各买一个，这样会使猫咪感到舒适放松，保持心情愉快。不愿意购买专门的猫窝的，也可以用废纸箱子挖个门改装一下即可。有了猫窝，猫才不会在屋内随便地这里钻钻、那里卧卧，冷暖无常，既不卫生，也不利于猫的健康生长。

猫窝可用小木箱、篮子、藤筐、塑料盆、硬纸箱等做成。猫窝的内外面及边缘必须光滑、无尖锐硬物，以免损伤猫的皮肤。猫窝以塑料、木、藤制品为好，这样便于清洗和消毒。在猫窝底垫以废报纸、柔软垫草，上面再铺上旧毛巾或旧床单等，使猫窝既温暖又舒适。饲养过程中应该经常更换猫窝的铺垫物，并将换出的脏物烧掉。猫窝应放在房间干燥、僻静、不引人注意的地方，而且猫窝最好能照到阳光，不宜放在阴冷潮湿处。此外，猫窝要高出地面，这样既能保持干燥、清洁，又可使通风良好，保持凉爽的环境。

有的猫可能对于乍睡在自己的猫床或是猫窝并不十分地习惯，在猫窝刚买回来的时候似乎也有这种情形，所以就要把家门先关起来，再去追赶它，直到它进到猫窝里为止，才不再去碰它，过几次后它就渐渐体会到只有猫窝才是最安全的地方，然后就愿意睡在里面了，这就是猫的习性，猫会选择家中最安全的地方休息。

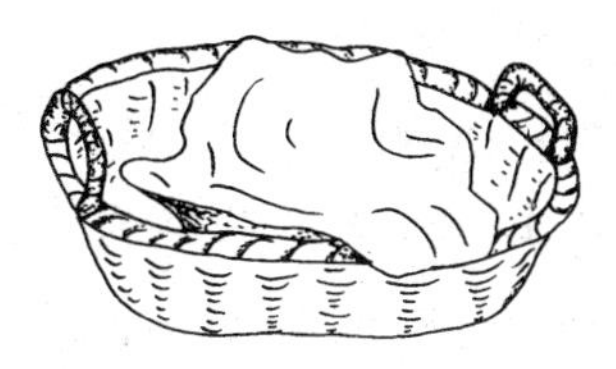

猫窝既可简单，也可复杂

◆ 猫咪的餐具与食物

1. 猫餐具　猫餐具包括食盆和水盆。通常猫对自己的餐具非常敏感，猫的餐具最好在它的一生中都不要更换。有的猫在换了食盆的情况下会发生拒食或消化不良，尤其是老年猫，突然更换餐具会使它感到非常紧张，影响它的健康。所以要在一开始就选好坚固耐用，并且有足够容量的餐具。

给猫选餐具要根据猫的品种。尖脸的猫喜欢口小而深的碗，如暹罗猫，美国短毛猫等；圆脸的猫喜欢大口的碗，如英国短毛猫，金吉拉猫等；平脸的猫最好用盘子，如波斯猫，异国短毛猫等，因为它大而扁平的脸无法吃到小口碗里的食物，用盘子会让它感觉舒适，也可以防止吞咽进过多的空气造成胃胀，影响健康。大碗装的水会弄湿波斯猫下巴和脸颊上的毛。而且你应把餐盆放在离猫窝较近的地方，并不要打扰猫咪进食。另外，常保持猫碗的干净是必要的，因为猫天性爱干净，要注意碗若太脏它可能因此干脆不吃饭。

有人认为猫是不喝水的，这是错的。猫虽然怕水，不爱洗澡，但还是必需喝水，所以一定不要忘了给你的猫咪另外准备一个水碗。

2. 食物　猫需要的营养和人或狗的食物都是不同的，注意绝对不要用狗饲料来喂猫，因为猫对牛胆氨基酸的需要量约为狗的二倍。

（1）猫罐头。这类食品是选取优质新鲜的肉类（常用鸡肉、鱼肉和牛肉）、谷物、蔬菜、矿物质、维生素，根据猫的健康需求，进行科学合理地配方，加工制成营养、便捷、卫生的听装食品，供猫食用。

（2）猫干料。一般比猫罐头经济，且对猫口腔的健康较有益，营养较均衡，若是公猫还要特别注意尿道结石的问题，可选用有预防功能的猫料。

（3）猫草。又称猫薄荷，市售有干的猫草及自己种的新鲜猫草两种，可帮助猫排除体内的毛球，促进猫的消化。

（4）化毛膏。专门用来消除猫体内的毛球。其用法是涂在猫鼻子上，猫咪自然会用舌头把它舔食掉的。

（5）零食。主要用于正餐之间，其作用是补充营养、刺激食欲和抗病保健。有各种口味可供选择，如火鸡味猫咪半干零食、牛黄酸保健零嘴、猫天然抗病保健零食、营养猫草等等。

猫的窝、厕、饵相对位置

◆ 猫咪的卫生与梳妆打扮工具

1. 猫厕所　猫厕所也叫猫沙盆，就是猫咪大小便的地方。猫厕所大体上也分两种，也是屋形的和盆形的。现在用盆形（沙盆）的厕所比较普遍，因为价格低廉。宠物店专卖的猫沙盆边缘处有一圈向内扣的沿，作用是防止猫进出时带出盆里的沙子。屋形的猫咪厕所是全封闭式的，顶部有活性炭过滤装置，而且还加了半透明的双向活动门，猫咪进出时几乎不会有沙子带出来，而且外形美观，也不会闻到任何气味，但是价格比较高。需要注意的是买沙盆的时候别忘了买猫沙，不然沙盆对猫是没有任何用处的。

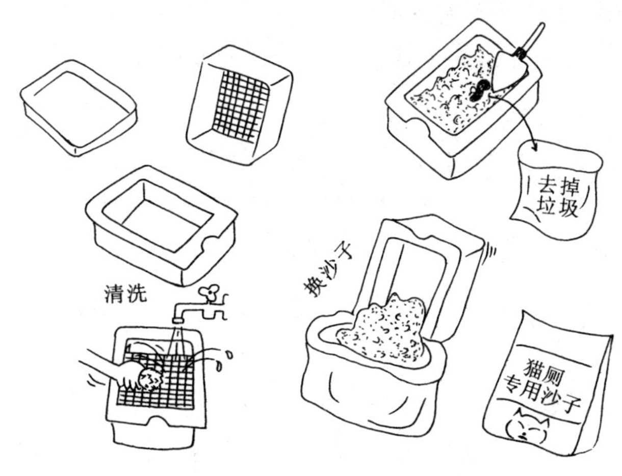

猫厕应经常清洗打扫

猫咪一抱来把猫沙一倒它就十分自然地知道了厕所的所在了。如果不行的话，在它下次在别的地方尿尿时，马上把它抱到猫沙上，并且“好言相劝”，它应该就会了。如果猫咪乖乖在猫沙上尿尿，那猫沙就会结成块状，此时就可以用猫勺子把结块的部分挖起来扔掉了。有些猫沙甚至可以用马桶直接冲掉。除此之外，猫便盆也要常保持干净。若怕地板到处都是沙子或为了节省开支，可以用报纸替代，缺点是必须马上清理，因为容易产生异味，且尿尿多时猫脚若沾到猫尿，会踩得满屋子都是脚印。另外，还有一种水晶猫沙，这种水晶猫沙的价格一般比普通的猫沙高，但是它的优势是至少看起来比较干净，也不用时时把尿沙块除去，只要在全盆的沙都用得差不多时，再将它整个换掉就行了，除臭效果也是挺不错的。

2．毛梳　为了防止毛球和促进血液循环，保障猫咪的健康和漂亮可爱，同时增加与你的情感交流，你需要经常给猫咪梳毛，尤其是长毛猫更要常常梳毛。人用的梳子无法梳开猫的底毛，等你发现毛已经打结时，就只能剪掉了，所以要给你的猫咪准备一把专用的毛梳。

另外，还有一种梳子是专门除蚤用的，可以把跳蚤梳出来。选购时要避免梳子的末端过于尖锐，以防止把猫咪弄伤。

3. 剪指甲刀　小猫咪三四个月的时候还可以用人用的指甲刀剪指甲，等它大一些你就会感觉不太方便了，有条件就买个宠物专用的指甲刀吧。

4. 浴液　猫和人皮肤的酸碱度不同，皮肤的薄厚也不一样，要给它准备专门的宠物浴液。

5. 除蚤用品　除蚤用品的选择原则是除了消灭跳蚤之外，对其他动物的毒性都要很低，并不会残留太久。除蚤用品可分为：

（1）跳蚤生长控制剂。该产品能破坏跳蚤早期的生命周期而使其死亡。此类产品对环境无害，虽不能完全控制跳蚤，但其能减少杀虫剂的使用量。

（2）除蚤浸液。该产品为直接涂抹在猫毛上让它自然变干的杀虫剂，浸液内通常含有除虫菊或合成除虫菊成分，毒性低，残留少，如果定期使用也相当有效。

（3）跳蚤喷剂、涂剂和粉剂。该产品重点使用部位为猫咪的脚、背部、尾部和臀部，使用时应逆着毛尽量涂在皮肤上，外出之前可使用一些，让那些跳到猫咪身上的跳蚤立即死亡，而不会被带回家中。除此之外要避免将喷剂或粉剂敷在有伤口或粗糙的皮肤上，也不要喷到它的眼睛里，因为杀虫剂会很快地由破皮的地方吸收入体内，而且其含酒精成分也有刺激性。

（4）防蚤项圈。该项圈大多含有机磷或氨基碳酸盐等杀虫剂，其有效成分直接作用在跳蚤身上使之毙命。在防蚤项圈有效期限到达以前即需更换新的。健康的猫咪在2个月起就可以安全地使用防蚤项圈，使用时应松松地套着，保持2指可以伸入的松度，且避免受潮而影响其效力。有些猫咪对杀虫剂过敏，可能会在戴上防蚤项圈后发生接触性皮炎。其症状为在防蚤项圈周围会掉毛发红，如果不及时除去防蚤项圈，将继续恶化形成大片粗糙甚至细菌感染，而需要医生治疗。另外，防蚤项圈过长的部分一定要剪掉，不要让猫咪去舔它，因为有的项圈所含的成分会影响猫的健康，有的甚至会致死。

6．猫抓板　猫咪每天都要磨指甲，准备一个专用猫抓板，减少它抓沙发等其他东西的机会。

7．玩具　猫咪是游戏的天才，它天性好动，给它一些简单的玩具，比如逗猫棒、纸团儿、塑胶瓶盖等等，看着它蹦跳嬉戏的可爱样子，你一定会开心的。但要小心，防止猫咪把玩具吞到肚子里。

8．运输笼　宠物运输笼是要带猫咪外出时不可缺少的工具。刚开始它可能会不适应，一直“喵喵”地叫，但随着次数的增加就不会再对它产生恐惧感了。

9．名牌　在名牌上写上猫咪的名字及你的电话、住址等资料，这样，当猫咪不慎走失时，若遇上好心人可依照名牌上面的电话与你联络，以便找回猫咪。

10．颈圈　给你的猫咪戴上一个漂亮的颈圈，它既是一个很好的装饰，又是一个识别标记。一旦猫咪不慎丢失，颈圈也将会发挥它的作用。颈圈最好和猫的颈部相间隔约可以插入两个手指的宽度，不宜太紧或太松。

以上提到的很多供猫咪使用的物品，你都可以从商店、超市宠物用品柜台、宠物医院中买到。

四、猫咪的习性和生理特点

爱猫的朋友不在少数，有的喜欢猫的干净，有的喜欢它的安静，也有的喜欢猫的温柔，总之猫咪是可爱的。为了让养猫的朋友对宠猫有更进一步的了解，我们在后面将详细地介绍一下猫咪的习性和生理特点。

◆ 你了解猫咪的习性吗

（一）孤独任性

如果用热情来形容狗，那么就可以用冷漠来形容猫，或许您更喜欢用理智来形容它。宝贝狗见了主人摇头摆尾非常兴奋，而猫咪多半是打个哈欠，伸个懒腰，这就算和你打过招呼了。当然有时猫咪也会竖起尾巴，横过身子在你脚边蹭两下，这可算是最友好的表示了。这主要是因为狗的祖先以群居为主，所以个体之间要有良好的沟通，用丰富的表情和肢体语言进行交流，个体对群体的依赖性较强。而猫的祖先常常独居，喜欢独来独往，对其他个体没有什么依赖性。就算有几只猫咪生活在一起，它们也会划分出自己的领地，互不来往，有时还会为争夺活动场地而发生战斗。猫咪不喜欢受到外界的干扰，不喜欢被别人的意志左右，它不喜欢做的事，无论你怎么强迫它也不会做。对于主人也不例外，它不会盲目地服从主人的命令，不会屈服于主人的权威。它不一定到主人给它准备的房子里睡觉，它也经常做一些主人不喜欢它做的事情。主人要抱它抚摸它，它也不领情，常常很快从主人怀里挣脱出去。由此可见，猫咪真的十分任性。

（二）昼伏夜出

乖猫咪有过夜生活的习惯，很多活动都是在夜间进行的，如捕食、求偶、交配等等。在都市生活中这种习惯是很不受欢迎的。猫咪的夜间活动，常常把日落而息的人们吵醒，尤其在发情的时候，那撕心裂肺的叫声让人毛骨悚然。而白天它却喜欢在温暖舒适、阳光充足的地方睡觉。

（三）清洁干净

乖猫咪最爱干净，没有事的时候总是用爪子洗脸，用舌头梳理自己的皮毛。它会把自己的毛舔得干干净净，尤其在吃过东西或沾染到污物之后，它总会静下心来把自己全身上下舔个遍。其实猫咪的梳妆打扮是出于生理的需要，用舌头舔皮毛可以刺激皮脂腺分泌，使皮毛光亮润滑，不易被水淋湿。由于猫咪的汗腺不发达，它还可以利用皮毛上的汗液蒸发带走热量，达到降低体温的目的。而且在舔毛时，可以获得一些促进骨骼发育的维生素D。经常梳理皮毛，还可以促进新陈代谢，防止出现虱、蚤等寄生虫病。它会在固定的地方大小便，然后用土将粪便盖上。这种行为是其祖先遗传下来的，其意义在于掩盖自己的气味，防止敌人追踪，保护自身安全。当然，这种行为对于家养的猫咪来说，更多的是赢来清洁卫生的美誉。

猫咪天生就爱清洁干净

（四）胆小好奇

猫咪的好奇心很强，周围环境有什么新变化它都很注意，一定要走过去瞧一瞧、看一看、碰一碰、摸一摸、闻一闻，就算是主人新买了一双皮鞋，也逃不过它的眼睛。猫咪的胆子却很小，就连休息、睡觉时也处于高度戒备状态，即便是微弱的声音，也会把它惊醒，并睁大眼睛不住地张望，时刻准备着逃跑，直到觉得对它没有威胁时，才会安下心来。

（五）自私嫉妒

猫咪的自私是生存环境造就的，各自为战的生活方式培养出以自我为中心的行为标准。猫咪的嫉妒表现在强烈的占有欲，对于它的势力范围，是容不得其他动物活动的，当然更容不得主人对其他小动物过分关注，它常常把家里的其他宠物作为攻击对象，把像鸟、鱼一类的小东西弄死。如果你在养了一只猫的基础上再抱来一只，那你就等着观看猫咪大战吧。它们会为争夺领地和主人的宠爱相互厮杀。甚至对婴儿的爱抚也会引起猫咪的愤怒，导致它做出具有破坏性的事情来。

（六）贪睡打鼾

猫咪是贪睡的，它的睡眠时间大约是人的2倍，但是它不像人那样用整段的时间来睡觉。每次睡眠时间都不长，一天要睡很多次。一般来讲小猫和老猫比青壮年猫睡眠时间长，温暖季节比寒冷季节睡眠时间长，吃饱后比饿肚子时睡眠时间长，平时比发情时睡眠时间长。睡觉时，猫咪是会打呼噜的，这主要是它的假声带震动的声音，幼猫一般是不打呼噜的，如果频繁的出现呼噜，那有可能是患上了过敏性病毒性鼻炎。

◆ 猫咪为什么经常舔毛

每种动物都有自己的特性，这些特性通过各种生活方式表现出来，即构成其特有的行为。乖猫咪有其特有的行为表现，掌握了这些知识，您就可以更轻松地了解您的猫咪了。

猫咪是一种爱清洁、爱干净、爱卫生的宠物，舔毛是其自我清洁的常见方式。但是不同的时机和场合同样都是舔毛，却代表着不同的含义。

1. *饭后舔毛*　乖猫咪吃过东西后最常清理的，是自己的嘴部和前爪。因为这些地方是容易在进餐时被食物汁渍污染的地方。所以，你经常可以看出，猫咪在食后乖乖地坐在那里用前爪清理自己的嘴脸。

2. *被触摸后舔毛*　当猫咪被陌生人强行抱过或触摸后，你经常可以看到，它迅速远离你，并把被你触摸过的地方舔湿，这表示它不喜欢你带给它的异味。如果被主人抱过后不断地舔湿自己的皮毛，则表示猫咪的心情不好。

3．*临产猫舔毛*　临产的猫咪会用舌头舔自己的腹部，这是为了让乳头暴露出来，以便于产后给小猫咪喂奶。因为这样猫宝宝更容易找到妈妈的乳头。由于猫咪的唾液中含有溶菌酶可以杀灭细菌，能有效防止发生乳房炎，这样也就把猫宝宝得胃肠炎的几率降到了最低。另外，粗糙的舌头还有按摩乳房的作用，可以促进血液循环，促进乳汁的分泌。

4．*皮肤病时舔毛*　猫咪的皮毛被真菌或寄生虫侵袭后，猫咪也会用舌头不停地舔患处，这是一种止痒的行为。但是，猫咪并不知道，它这样做可以加速皮肤病的蔓延，所以主人还是快些带它去看医生吧！

◆ 从猫咪的叫声中领会些什么

猫的叫声有很多种，它包含的意义也很复杂。声音的高低，语调的回转，旋律的起伏，都是它内心世界的表达。委婉的荡气回肠，热烈的意气风发，哀怨的催人泪下，恐怖的毛骨悚然。就像不同的乐曲、不同的旋律，诉说着不同的意境。

1．*“呼噜呼噜”的声音*　这里说的可不是猫咪睡觉时的呼噜，当你怀抱乖猫咪并抚摸它的下巴时，或猫咪伸展着四肢懒散地躺在床上时，它就会发出“呼噜呼噜”的声音。此时的声音包含着满足，昭示着友善，表达着感激。当乖猫咪生病、痛苦的时候，它也会发出“呼噜呼噜”的声音。此时则包含的是呻吟，表达的是求助。

2．*“咪—奥，咪—哇”的声音*　乖猫咪也有困惑的时候，是怎样的难题使它困惑不解呢？“食盘里没有食物了，水盆里没有水了，我又渴又饿，主人快来帮帮我吧！家里莫名其妙地多了一些东西，这都是什么呀？为什么我从来没有见过，主人你可以告诉我吗？……主人～！主人～！你在哪里呀？你可以帮帮我吗？”，“咪—奥，咪—哇”。

3．*“喵～”的含义*　同样是“喵～”，可不同的音调却有不同的含义，温和低沉的音调表示的是在和对方打招呼，问候对方，欢迎对方，或回答对方的问候，这也预示着猫咪的心情不错。如果声音较大音调较高，则表达的是报怨，可能是什么事情让猫咪不高兴了。但是这时的报怨中多少含有乞求的成分。是呀，光报怨有什么用呢？解决问题才是关键呀！

4．嘶叫　高亢的嘶叫，表示着猫咪的愤怒和恐惧，貌似温柔的咪咪却有着那么激烈的个性，这也就是所谓的外柔内刚吧。嘶叫中包含着更多的威胁的目的，迫不得已才会致命一击，这时的挑逗者你还是收敛一些吧。

◆ 猫咪的尾巴可以倾诉它的内心

猫咪的心情怎么样，现在是高兴呢还是愤怒，从尾巴的动作你就可以判断个大概。

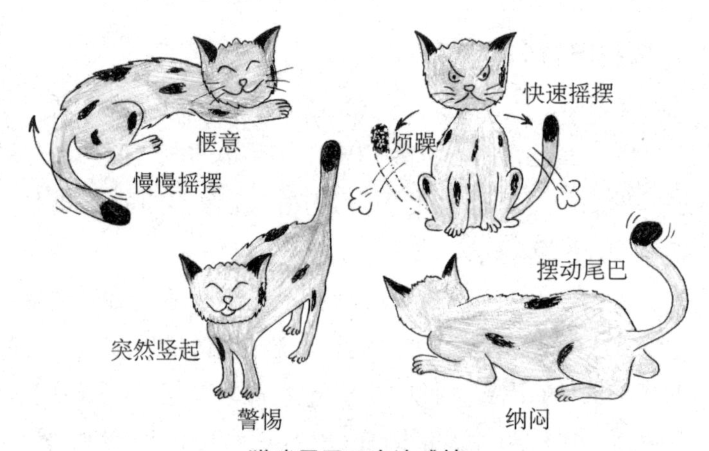

猫咪用尾巴表达感情

1．高兴　高兴和兴奋时，猫咪尾巴会剧烈地抽动。

2．捕猎　猫咪准备捕猎攻击时，尾巴与身体成一条直线，与地面平行或平贴在地面上，尾尖轻轻左右摆动。在它准备捕捉老鼠或其他小动物时，常常可以看到这样的举止。

3．生气　猫咪生气时会用尾巴猛烈地抽打地面，似乎要把所有不满和愤怒都发泄出来。在战斗时这样做还具有威吓的意思。

4．惊吓　猫咪因受到惊吓感到恐惧时，尾巴会瑟瑟发抖。

5．讨好　在迎接或讨好主人时，猫咪尾巴会垂直竖起，并轻轻摇摆。

6．睡眠　猫咪睡觉时，尾巴会轻柔地围在身边，一副轻松模样。

读懂猫咪的肢体语言

猫咪的肢体语言虽然不如宝贝狗的丰富，但也需要认真去了解，以便我们能更好地与乖猫咪交流沟通。

1．轻松愉快的表达　乖猫咪或躺或坐，眼睛半开或闭上，轻松地用前爪洗洗脸和耳朵，然后躺下来把身子舒展开或缩成一团。如果是刚睡醒，还会伸伸懒腰。

2．想接近主人时的表现　猫咪坐起或站立，把尾巴竖直并左右轻轻地摇摆，扬起头眯缝着眼。让人一眼就可以看出它想和你亲近。

3．撒娇时的动作　在地上时，猫咪会围着你的脚转圈，并用头和身子在你的脚上蹭。抱着它时，它会用头和下巴不停地摩擦你的脸。

4．欢迎和信赖的表情　当你外出归来打开门时，乖猫咪会跑到门口坐在你身边，两眼含情脉脉地注视着你，缓慢的大幅度的摇晃着它的尾巴，好像是说："欢迎、欢迎，我好想念你呀！"。

猫咪的肢体语言

5．满足的流露　当猫咪吃完美味佳肴，清理完嘴爪后，坐在那里摇尾巴，好像是说："一顿不错的美餐，我吃得好舒服，好满足呀"。

6．完全信赖时的行为　腹部是动物的柔软部位，因此也是它的弱点。它肯把弱点暴露给你看，只有在它信任你的时候才做得到。乖猫咪如果觉

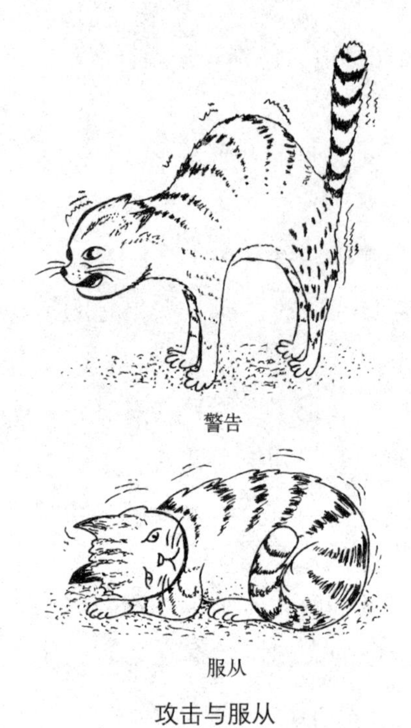

攻击与服从

得你安全可靠，值得信赖，就会四脚朝天地躺在那里，并左右翻滚。

7. 好奇时的举止　当一些事物引起猫咪的好奇心时，它会用后脚站立，耳朵前伸，尾巴下垂，尾尖轻摆。有时耳朵朝前，嘴巴紧闭，一副全神贯注的模样。

8. 惊喜时的感情流露　当你的猫咪突然发现有好吃的东西时，你会发现它把嘴微微张开，耳朵也竖立起来，瞳孔变成圆形。

9. 生气时的表情　猫咪生气时，首先会把胡须竖起，尾巴迅速摆动，继续激怒它则会张嘴露出犬齿，双耳后背，发出声音，全身低伏并把尾巴卷起来。

10. 攻击前的特征表现　当猫咪忍无可忍时，就会出现攻击行为，有攻击意识时，猫咪在肢体姿态上也会做准备。会出现双耳后压，胡须乍起，呲牙露齿，怒声吼叫。这时你还是远离它为好。

乖猫咪的生理特点

（一）结构特殊的脚

1. 高弹力的肉垫和趾垫　猫咪的前脚有5个脚趾，后脚有4个脚趾。每个脚的脚掌下有一个弹性极佳的肉垫，每个脚趾下有1个指垫。肉垫和指垫可以起缓冲作用，对猫咪的奔跑跳跃有很大的帮助。也可以使猫咪在悄寂无声中接近猎物。

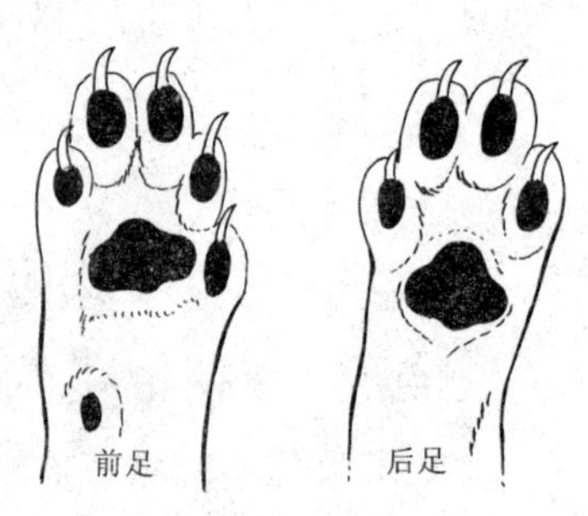

猫的足垫有缓冲作用

2. 锋利坚硬的爪　在猫咪的每个指端，

都隐藏着一个角质性的利爪。利爪呈钩形，可以自如地伸缩，平时隐藏在脚毛内，只有在捕食时才伸出来。这样猫咪可以方便地用爪抓住食物。爪是猫咪的武器，在搏斗时可以帮助猫咪战胜对手，当然也是它胜利无望时借助树木、竿柱等攀爬逃遁的工具。值得指出的是，在刚出生后的3～4个月，猫咪的爪，还不能伸缩自如，所以定期给它修理一下趾爪，以防把人抓伤把物品抓破。

（二）猫尾巴的功能

和其他动物的尾巴一样，猫尾巴可以起到平衡的作用，但是作为宠物我们更多的是注意尾巴如何表达情绪。

（三）猫咪胡子的作用

猫咪的触须俗称胡子，具有灵敏的感觉机能，在黑暗中几乎可以代替眼睛的功能。它可以感觉到看不见的东西，比如在穿跃洞穴时，胡子可以感觉到洞穴的宽窄，以反馈出其宽度是否可以准许自己的身体通过。大多数人认为猫咪的胡须是通过空气中压力的微弱变化来感知物体的。具有类似作用的还有眉毛和前肢腕关节背面和耳后及背部两侧的毛。

猫的胡须及面部

（四）舌的特殊结构

猫咪舌头的表面是很粗糙的，这是因为在它舌头的表面有乳突，它的方向是向后倾斜的，而且非常有韧性和力度，可以把骨头的表面锉平。但是也有不利的地方，那就是它妨碍进入口腔的食物反逆。因此常会因为进入口腔的尖锐物体只能咽下，而把胃肠刺伤。

猫舌的功能

（五）功能独特的感觉器官

1．敏锐的眼　猫咪调节瞳孔的速度比人快，它可以在瞬间调整好瞳孔的大小并对好焦点。同时又可以判断出物品的距离。在猫咪眼球的上半球内有一个反光的细胞三角层，可以反射微弱的光，使光线到达视网膜。因此猫咪可以在夜间看到东西。猫咪的视野也比人开阔，每只眼可达200°，并且两眼有共同的视野。猫咪是可以分辨色彩的，尽管分辨率没有人高，但也不像宝贝狗是个色盲。

2. *灵活的耳朵*　猫咪的耳朵非常灵活，时刻都在像雷达一样搜寻着，它可以区分15~21米距离，相似的声音。猫咪的听力也很敏锐，大约是人的2倍。猫内耳的构造和人类似，但平衡感比人好，所以猫咪从高处跳下时，可以保证用脚着地，而且一般不会出现晕车、晕船的现象。

猫的耳朵

3. *灵敏的鼻子*　猫咪是靠嗅觉来分辨食物的，它可以用鼻子判断食物的位置，用鼻子判断食物的性质。当然它也在发情时靠鼻子来寻找异性。所以要求猫咪的鼻子要有很好的分辨能力。这样才能充分发挥它的功能。

4. *不发达的味觉*　猫咪的舌头上有味蕾，口腔壁和软腭上也有味觉感受器，虽然不够完善，但已可以帮助它选择自己满意的食物。比起没有味觉感受器的动物它也算幸福多了。

五、如何训练你的乖猫咪

◆ 准备迎接初来乍到的“客人”

万事俱备，我们就将精心挑选的猫咪领养回家吧。

一般来讲，对新的主人和环境，三四个月的小猫比一岁左右的大猫适应能力差；七岁以上的中老年猫比年轻猫适应能力差；土猫比纯种猫适应能力差，纯种猫对主人和环境的变化几乎没有任何反应。但无论你选择的是什么样的猫，在它来到你的家里之前，都要为它的生活做好准备。

当你带回一只猫咪，就应该把它当成家庭的一员。在最初的一段时间里，你最好能多抽出一点儿时间陪它，带着猫咪认识它的床、餐具和便盆，让它熟悉新的生活环境。

小猫到家后，立即把它带到准备好的厕所中让它闻气味，再把它带到食盆和水盆前让它熟悉一下自己的餐具，最后把它放入猫窝休息。如果猫咪因为害怕而钻入床下或者沙发下不愿出来，就不要管它，这时猫咪一般不会吃东西，可以把水盆放在它附近。猫咪可能会趁夜里人睡着后出来走动，此时不要发出声响以免猫咪受到惊吓，过两天猫咪适应了新的环境就好了。

小猫三个月以后视力才会逐渐发育成熟，夜间请为三个月以下的小猫亮盏台灯或壁灯，以免它因无法找到厕所而在床上大小便。

最好能向猫以前的主人索要猫睡过的铺垫物，回来垫在新猫窝中，从而使猫咪尽快熟悉新的生活环境。

欢迎初到的“客人”

◆ 乖猫咪训练的生理基础和刺激方法

随着日子一天天过去，你的猫咪已渐渐地熟悉并适应了一个新的环境，接下来，你是不是也已经迫不及待要教给它一些本领了呢？不过先别急，先让我们学习一下理论上的东西及相关的注意事项，这样才能正确、快速地训练好你的猫咪。

（一）乖猫咪训练的生理基础

猫天资聪颖，生性好动，喜欢嬉戏，好奇心也强，对虫子、绳子、线团、纸团、风吹动的树叶都有浓厚的兴趣，常常对摆弄这些东西乐此不疲。平时猫在主人的逗引下，也可本能地做出直立、打滚、四肢朝天等各种有趣的动作。

然而，要训练猫做一些较复杂的动作则难度要比训练狗大得多，这是因为猫有很强的独立性，具有异常顽强、不愿受人摆布的天性。猫喜欢的事情，主人不让它做也不行，而它不喜欢的事情，强迫它做它也往往不服。另外，猫生性警觉，对强光和多人围观易产生恐惧，故较难在大庭广众之下进行表演。不过，只要有耐心，结合科学的训练方法，猫还是能在较短的时间内被调教和训练好的。

猫所有行为的完成，都是以神经反射为其生理基础的。所谓反射活动即机体的感受器受到某种刺激后，通过神经系统的活动，使机体发生反应的过程。反射活动的发生，必须要有刺激。刺激则是指那些能被机体组织细胞感知，并能引起一定反应的、正在变化着的体内外环境因素，如拍打、按压、光、声音、温度等。猫体内有各种敏锐的感受器，如视觉、听觉、嗅觉以及皮肤内各种温、痛、触觉感受器，它们均可分别感觉不同的刺激，并把这些刺激转变为神经兴奋过程。当兴奋沿着传入神经到达大脑时，大脑立即做出反应，并通过传出神经向效应器（肌肉、腺体等）传达指令，使效应器做出相应的动作。

动物的反射可以分为非条件反射和条件反射两大类。非条件反射是生来就有的先天性反射，是动物维持生命最基本和最重要的反射活动。如小猫生下来就会吃奶、能呼吸等。能引起非条件反射的刺激称为非条件刺激，如食物、触摸、拍打等。条件反射是动物出生后，在生活过程中为适应周围生活环境而逐渐形成的神经反射活动，是后天获得的，这种反射是保证动物机体与周围环境保持高度平衡的高级神经活动，是在饲养管理过程中形成的习惯和通过训练而培养起来的各种能力，这是属于动物个体特有的反射活动。

猫的非条件反射是条件反射的基础，任何一种条件反射都是在非条件反射的基础上，施加有效的刺激手段，使猫练就人们所需的本领。因此，调教猫咪利用的就是猫的条件反射。在训练猫咪时，主人发出的口令、手势，其实猫并不理解它的真正含义，而只是通过训练使猫养成一种习惯，即当猫一听到某一口令、看到某一手势时，就会做出相应的动作。

（二）乖猫咪训练的刺激方法

调教训练猫咪时所采用的刺激方法有两类：即非条件刺激和条件刺激。

1. 非条件刺激　非条件刺激包括机械刺激和食物刺激。

机械刺激是指训练者对猫体所施加的机械作用，包括拍打、抚摸、按压等作用。机械刺激属于强制手段，能帮助猫做出相应的动作，并能固定姿势，纠正错误，机械刺激的缺点是易引起猫咪的精神紧张，对训练产生抵触心理。

食物刺激是一种奖励手段，效果较好，不过所用的食物必须是猫喜欢吃的，因为只有当猫对食物产生了兴趣，才会收到良好的效果。训练开始阶段，每完成一个动作，就要奖励猫吃一次食物，以后逐渐减少，直到最后不给食物。在实际训练中，将两种刺激方法结合起来使用，效果更佳。

2．条件刺激　条件刺激包括口令、手势、哨声和铃声等。常用的条件刺激是口令和手势，特别是口令是最常用的一种刺激。在训练中，口令要和相应的非条件刺激结合起来，才能使猫对口令形成条件反射。各种口令的音调要有区别，而且每一种口令的音调要前后一致。手势是用手做出一定姿势和形态来指挥猫的一种刺激，在对猫的训练中手势有很重要的作用。在手势的编创和运用时，应注意各种手势的独立性和易辨性。每种手势要定型，不要随意改变，运用要准确，并与日常习惯动作有明显的区别。

◆ 训练乖猫咪的注意事项

（1）掌握好训练的年龄。猫的训练最好在2～3月龄时开始，因为幼猫最为活泼好动，好奇心强，对任何新鲜的东西都感兴趣，所以此时调教最适宜，也比较容易，并为今后的提高打下基础。如果是成年猫，训练起来就比较困难。

（2）最佳时间应在喂食前。因为饥饿时猫与人较亲近，比较听话，此时能有效地利用食物刺激的方法来调教猫咪。

（3）各种刺激方法相结合。猫的性格倔强，自尊心很强，不愿听人摆布。所以，在训练时，要将各种刺激和手段有机地结合起来使用，而且态度要和气，像是与猫一起玩耍一样。即使它做错了，也不要过多地训斥或惩罚，以免猫对训练产生厌恶，而影响整个训练计划的完成。

（4）渐进，不能操之过急。一次只能教一个动作，切不可同时进行几项训练，猫很难一下子学会许多动作。如果总是做不好，也会使猫丧失信心，引起猫的厌烦情绪，给以后的训练带来困难。每次的训练时间不宜过长，最好不超过10分钟，但每天可多训练几次。

（5）练中要奖罚分明。当猫咪完成动作要求时，要给予少量可口食物表示奖励，或者用手轻轻抚摸它以表示赞扬；当猫咪不听指挥或未完成动作要求时，应给予适当训斥以表示惩罚。

（6）训练要实行专人负责。调教训练过程中，必须由专人负责，不能几个人同时对猫进行训练，以免分散猫的注意力，训练应在安静的环境中进行，不能发出巨大的响声和突如其来的动作，以免把猫吓跑或不愿接受训练。

（7）注意声调。训练时语气要严肃，命令时声音要低沉有力。称赞时声调却要十分夸张的提高，语调要轻快。其实对待猫咪就像对待小孩子一样，教导时要有耐心且严厉，赞赏时却别忘了温柔和兴奋一点儿。

◆ 训练乖猫咪的基本方法

调教训练猫咪的方法很多，但常用的基本方法大致有以下几种：

（一）强迫

强迫是指使用机械刺激和威胁性口令迫使猫咪准确而顺利地完成动作的一种手段。如训练猫做躺下的动作，训练者在发出“躺下”口令的同时，用手将猫按倒，迫使猫躺下，这样重复若干次后，猫咪很快就能形成躺下的条件反射。

（二）诱导

诱导是指用美味可口的食物和训练者的动作等来诱导猫完成动作的一种手段。如在发出“来”口令的同时，训练者拿一块猫咪喜欢的食物在它面前晃动，但不给猫吃，一边后退，一边不断地发出“来”的口令，这样，猫就会因食物的引诱而跟过来，很快就形成条件反射。诱导的方法对小猫最为合适。

（三）奖励

奖励指为了强化猫的正确动作或巩固已初步形成的条件反射而采取的手段。奖励的方法包括食物、抚爱和夸奖等。奖励和强迫必须结合使用才有效，开始时每次强迫猫做出正确动作，接着要立即给予奖励，随着训练的深入，在完成一些复杂的动作后，再奖励。这样才能充分发挥奖励的效能。

（四）惩罚

惩罚是为了阻止猫咪不正确的动作或异常行为而使用的手段，包括训斥、轻叩头颈部位等。为了让人和猫都能舒适生活，有必要让猫咪遵守家庭的纪律。为此，要好好地教导猫咪，对其进行必须的最低限度的教育。当猫不乖的时候一定要大声地斥责。首先就是立刻当场批评。当它做了不该做的事时，就应该马上说“不行”、“喂”，大声进行斥责。当然猫并不是因为听了主人的话而停止行动，只是因为听到巨大的声音受了惊吓而停止了行动。如果反复地这么做，猫就会慢慢感到这么做的话要被大声地斥责，太头疼了，因此就再也不做了。当猫做了不该做的事后，把它带到“犯罪”现场进行说教是完全没有用的，猫是“健忘”的动物，即使因为刚才的事而被斥责，它也不会明白自己为何被斥责。

惩罚的程度应根据具体情况和猫的脾性而定，不能过分地重打猫的头部和强拉它的尾巴，使其受到过度的惊吓。训练中亦应尽量减少惩罚手段的使用，以免猫对训练产生恐惧和厌倦的情绪。

调教猫咪要奖罚分明

◆ 教你的乖猫咪学习生活技能

（一）让乖猫咪生活有规律

将猫咪领回家的头几周，帮它养成良好的作息时间和生活习惯是非常必要的。训练猫不像训练狗，但是可以培养猫一定的生活规律，使自己更轻松，让猫更快乐。

1. 喂食　每天给猫咪喂食的时间、地点不变。

2. 梳理　每天用一定的时间替长毛猫进行梳理，一般喂食后是最佳时间；每周在固定时间替短毛猫梳理一次。

3. 玩耍　玩耍对猫的成长很重要，尤其是对习惯室内生活的猫而言。每天花十至十五分钟与猫一起玩耍。

（二）如何让猫咪明白自己的名字

给猫咪取名时，要注意名不要太长，两个音节最好。太长猫咪听不懂，太短猫咪听了不注意。

以下谈谈其中一种会令猫咪明白自己名字的方法：

手拿零食，在猫咪四周随便行走。因猫咪知道你手里有零食，会注视着你。过一会儿，当它不再望向你时，叫它的名字，只要它再注视你时，走到猫咪前说一声“好”，并奖励它吃零食。重复以上方法，那么猫咪很快就懂得自己的名字了。

在责罚猫咪的时候，不要提及它的名字，否则猫咪以后听到你叫它时，只会躲起来。尽量令猫咪当听到自己名字时，联想起一些快乐的事，如有零食吃之类。

（三）怎样抱猫

猫都乐意让人抱在怀里，不过得让它们躺得舒服，而且通常猫不喜欢被抱得太久。如果你抱着猫的同时抚摸它，它会消除戒心，一旦猫开始反抗，马上将它放下，如果不理它的反应强行抱起，会被它抓伤或咬伤。

靠近猫时要小心，不要突然伸手抓它。最好让猫主动靠近你，先轻轻抚摸，让它适应后再抱起。抱猫时一只手放在它胸前，另一只手托住它身体后部，让其胸腔靠在你的手掌上。然后将猫轻轻抱起，慢慢靠近你胸口。注意托稳猫咪的身体后部。

下面是几种常见的抱猫姿势：

（1）双手呈摇篮状，轻轻抱住猫，托起它整个身体。

（2）把猫抱在怀中，将猫爪放在臂弯里。

（3）让猫趴在肩上，猫爪搭在肩头，托起其身体后部。

（四）训练猫咪大小便

猫喜欢清洁，一般情况下不会随地大小便。小猫从小受到母猫的影响，也会到固定地方便溺。因此，正常、健康的猫不会随地大小便。但是，如果家中没有提供合适的地方和器具给猫大小便，刚买回或带回的小猫就会躲到一些隐蔽、安静的角落里大小便，这些地方通常不易清扫到，致使整个房间弥漫着一股难闻的臭味。猫的这种习惯一旦形成，再改就困难了。

这样抱猫，猫咪会很舒服哟

训练猫在固定地点大小便，首先要选择一个安静、光线较暗和猫容易找到的地方。然后再准备一个便盆，在盆内装些沙土、木屑或炉灰等吸水性较强的铺垫物。铺垫物要有一定的厚度，一般为3～4厘米，便于猫掩埋粪尿。最好在便盆铺垫物中加一些猫自身的粪尿或粪尿污染物，猫闻到自身的粪尿气味后，便愿意在盆内便溺。与此同时，应将猫原来便溺的地方彻底清扫干净，用洗涤剂、除臭剂仔细清洗，以消除屋里的气味，这样才能避免猫再回到原来的地方便溺。经过几次耐心调教训练后，猫就会养成在指定地点大小便的习惯了。

另外，猫虽然很爱清洁，也很容易通过训练在便盆内便溺，但是便盆需要常清洗，垫料也需要经常更换，且猫粪便发出的气味特别难闻，因此在城市中养猫，有条件的话还可以训练猫在马桶上大小便。

训练前，在抽水马桶座圈下面放一塑料板或木板，并在板上铺上适量沙土、炉灰、锯末等垫料，当发现猫绕来绕去，焦急不安要排便时，将它带到抽水马桶上，不久它就会排便。待猫养成习惯，能够自己在塑料板上大小便后，逐渐减少垫料的量，猫慢慢地就会养成站在马桶座上大小便的习惯，这时就可将塑料板或木板拿走。训练中，人最好不要使用抽水马桶，放的垫料应经常更换，一般最好一天更换一次。

像儿童一样，猫咪的方便也要从头学起

（五）不让你的猫咪认生

经常抱你的猫咪并和它玩是非常重要的。猫原本是谨慎小心的动物，对素不相识的陌生人通常会采取置之不理的态度，有时还会逃走。也许有的人觉得只要猫和主人关系亲密就很满足了，但如果周围的人都认可并且喜爱你的猫咪的话，毕竟是一件令人愉快的事情。猫的性格是多样的，从小时候开始就经常被人抱、经常和人一起玩儿的猫会喜欢和人亲近。

让猫和陌生人接触是很重要的。一般来说短毛猫喜欢被人抱，但长毛猫一被人抱就一下子从你胳膊里逃走的情况屡见不鲜。正因如此，从幼猫开始就请尽量多抱抱它吧。但也不要让猫觉得厌烦地老是抱它，不要勉强地抱猫。有时和猫一起玩，给它玩具，或者一边逗它一边抚摸它，进行肌肤交流。如果你是单身生活或家庭成员较少，也可经常让喜欢猫的朋友到家里来玩，来让猫咪体验一下与陌生人的交往吧。

如果你的猫咪天性胆小，或者你因忙于工作经常将猫咪单独留在家中，那么当你回家后与猫进行肌肤交流就显得更为重要了。也可以在出门的时候，使用录音电话跟猫咪说话，使它习惯你的声音。无论如何一定要每天和它接触，这对它健康成长非常有好处。

（六）怎样对待胆小的猫

猫一般不会胆小，可是如果他突然表现出胆怯的特征，就有可能是它的日常生活遭到了破坏。胆小的猫尾巴下垂，夹在两腿间，眼中总带有警惕的目光，碰上陌生人可能跑开藏起来。如果幼猫胆小，也有可能是对人的出现还不适应。有两种办法可以解决这个问题。

1．鼓励性触摸　让猫慢慢适应被触摸的感觉。轻轻抚摸它，跟它说话，奖励它一点儿吃的东西。

2．提供庇护所　像盖有被子的床这样的隐蔽场所可以给猫一种安全感，所以，当猫受到惊吓时，给它提供一个庇护所。

（七）让你的猫咪与它的“邻居们”和睦相处

如果你的家中还养着其他小动物，那么怎样让你的猫咪与它们和睦相处呢？下面就教你几招。

初次带幼猫回家时应替它准备一处安全的地方，让它慢慢习惯。将幼猫向其他宠物引见时，最初几周要分别喂食，并注意它们碰面时的情形。将幼猫介绍给较大的猫的时候也要当心，因为幼猫往往会感到害怕。

1．猫与狗相遇　初次相遇时尤其要注意。可用绳子或皮带牵住狗，或将幼猫放于小安全围栏内。当猫和狗相互熟悉后，便可放心地让它们在一起了。

2．猫与猫相遇　可以让大猫嗅小猫，如果大猫攻击小猫，则马上将它们分开。让它们和睦相处需要一个月时间。

3．猫与兔相遇　幼猫和兔子等小动物在一起时要特别留心，如果幼猫爬到小动物背上，即使是闹着玩，也会造成伤害。如果有大猫在，不要将小动物放出笼外。

（八）训练猫咪不上床

猫很喜欢钻到主人床上的被窝里睡觉，有许多养猫主人常常与猫同床共寝，这些均是有害的养猫方式和不卫生的习惯，应该彻底改变。由于猫的一些疾病如皮肤真菌病、虱、弓形体病等很容易传染给人，因此训练猫不上床钻被窝是十分必要的。

应训练猫养成在自己专门的猫窝里睡觉的习惯，训练前应该为猫准备一个特别舒适的窝，冬天可以在窝里放一只暖水袋。如果采取这些措施后，猫还是不愿在窝里睡觉，可在猫窝的上面盖上一个罩子使它不能往外跑。经过几次训练后，猫就不会往外跑，当然也就不会钻被窝了。

如果猫已养成上床钻被窝的习惯了，则可采用下列方法进行纠正：

1．*直接惩罚法*　当猫上床或钻入你的被窝时，立即用手拍打猫的臀部，或用报纸卷、书本拍打猫，并大声训斥，将猫赶下床。此时你的态度一定要严厉，表现出很生气的样子。由于猫对主人的情绪非常敏感，只要你表示气恼，它就不敢再上床钻被窝了。这样反复多次后就可以把猫不良的上床习惯纠正过来。

2．*远距离惩罚法*　请预先准备好一个喷水枪（儿童玩具式水枪即可）吸满水后备用。当猫欲跳上床时，你要站在猫看不见的隐蔽处，立即向猫喷水，猫受到突然的水流袭击后会立即逃走。这样用水袭击猫几次后，猫因对床产生厌恶性条件反射而不再上床了。

3．*电击法*　必要时可采用电击法。准备一个电池电容器，将电池电容器充电，电极端放在猫常上床睡觉之处，你控制着电池电容器的开关。你可以先上床假装睡着，当发现猫上床后，立即按下开关。由于电击作用可立即将猫击倒。一般来说，猫受到一次电击作用后即对床产生厌恶性条件反射，从而它不会再上床了。

（九）训练猫不乱抓东西

猫很喜欢用爪子扒抓物体，如树干或木器，有时也在地上进行扒抓。猫在扒抓物体时，总是喜欢将分泌的黏稠有味的液体涂擦于被抓物体的表面，这些黏液的气味会吸引猫再次来到同一地点扒抓。对于家养猫，如果不注意对猫的训练，往往会发生抓坏家具，抓坏地板的情况。

原来抓东西是猫的本能，有些猫会在树干或木柱上留下爪痕来划分地盘。另外，也有研究指出“磨爪”是猫伸展身体和手脚的动作，或趾甲太长。由于磨爪是猫的本能，因此你很难制止，但你可以提供特定的磨爪地方给它，避免家具的损毁，并且定期给猫剪趾甲，避免趾甲过长。

市面上有许多磨爪柱和磨爪板是特为猫咪准备的。磨爪柱和磨爪板的款式有很多，如平放式、竖立式。当选择时你要先考虑你的猫咪的磨爪行为，如果它爱在平放的地方磨爪，你应选择平放的磨爪板，如果它喜欢攀爬，你可以选择竖立的磨爪柱，但要选稳固、不易倒下的那种。

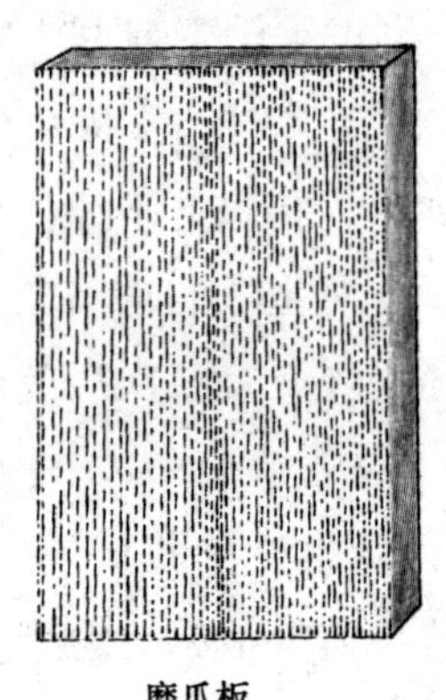

磨爪板

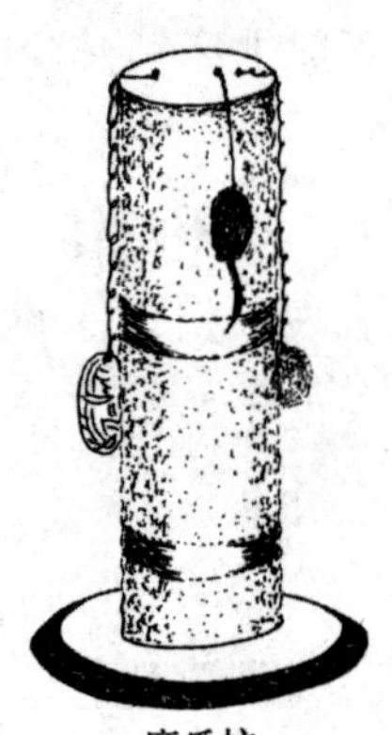

磨爪柱

磨爪板和磨爪柱

选择磨爪柱或板时要考虑猫的身体大小，体型较大的猫要选较大的柱。材质方面，一般猫咪喜欢质地疏松的布料，因为织得太密的布料容易钩起猫咪的爪，所以你更换布面的次数不要太频繁，以免令猫咪失去兴趣。另外你可加配以玩具、薄荷味的喷剂或香精，引起猫咪对磨爪柱或板的兴趣。

大多数猫咪爱在睡醒时磨爪，故磨爪的地方最好设在猫咪就寝的附近地方。当发现猫咪想磨爪时应把它抱到磨爪柱或板附近，若它做错时大声说“不行”或向它洒少许水，尽量令它养成良好的习惯。要记住磨爪是猫的本能，我们不要制止它，而只能是改变它磨爪的地方。

下面以磨爪柱为例，给你介绍一种具体的训练方法，你可以参照训练。

训练前应先准备一根木柱，长70厘米左右、粗20厘米左右，直立固定于猫窝附近，以便于猫扒抓。木柱的质地应坚实。训练时将小猫带到木柱前，用两手抓住猫的两条前腿，将两只前脚放置于木柱上，模拟猫的扒抓动作，这样猫脚上腺体的分泌物便可涂在木柱上。经过多次训练，再加上分泌物气味的吸引猫就会到木柱上去扒抓，养成习惯后，猫就不会再到家具上扒抓了。

对于已养成扒抓家具习惯的猫，在训练时应先在被扒抓家具的外面盖上塑料板、木板等，再在被扒抓家具前面适当的位置放置一根坚实的木柱或木板，然后用上述同样的方法训练猫在木柱或木板上扒抓，等猫养成在木柱或木板上扒抓的习惯后，可缓慢移动木柱或木板，直至移到你认为合适的地方。每次移动木柱或木板时距离不应过大，以5～10厘米为宜，绝不能操之过急。

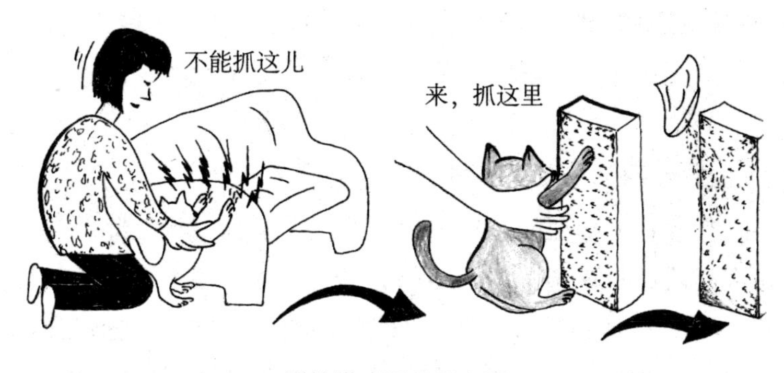

训练猫咪不乱抓东西

（十）防止猫咬坏室内植物

猫如果被关在室内，没有机会接近植物，它也许会咬坏你的室内植物。它可能会咬掉叶子和花，刨开泥土，把花盆当厕所。

为了不让猫刨出植物，可在泥土上罩一层浅网，或者为猫准备一盆草，也可以在室内植物上喷洒稀释的柠檬汁，因为猫讨厌柠檬汁。

（十一）制止猫的异常捕食行为

猫的捕食行为是指它追逐捕捉猎物的行为。一般情况下，猫捕食的猎物主要是家鼠，此外还有蚱蜢、家蝇、蝴蝶、鸟类、蛇、松鼠、地鼠、田鼠、兔子等。猫的异常捕食行为主要表现为捕捉主人家或邻居家的散养鸡，将死鸡或死鼠带回家中，或追捕家中饲养的家兔，或捕捉笼养的鸡或鸟。制止猫的这种行为可用下列方法：

（1）在猫的颈部系一个响铃，当猫追捕鸡或家兔时，利用响铃发出的声音提醒鸡或家兔，以减少损失。此外，铃声亦可提醒主人及时制止猫的异常捕食行为。

（2）将捕鼠器倒置于鸡笼或兔笼周围，利用猫接近笼子时触及捕鼠器发出的声响，将猫吓跑。这样反复3～6次后，便可制止猫的异常捕食行为。

（3）当猫接近鸡群或兔群时，用水枪向猫喷水，反复8～10次后，就可纠正猫的异常捕食行为。

（4）在猫的鼻旁涂抹除臭剂，每天一次，连续3天，然后在鸡笼或兔笼上喷洒同样的除臭剂。由于猫对除臭剂产生厌恶感，就再不会接近涂有除臭剂的鸡笼或兔笼。一段时间后，即便笼子上未涂除臭剂，猫也不会接近笼子了。

（十二）训练猫咪不吃死老鼠

死老鼠通常是被毒死的，猫吃后易发生继发性中毒。此外一般死老鼠常因腐败变质或染有病菌，猫吃了以后易染病或中毒死亡。为防止猫吃死老鼠中毒，不能让猫到处乱跑，定时把猫喂饱。如果看到猫叼回死老鼠，要立刻夺下。如猫想吃死老鼠，就要用小棍轻打猫的嘴巴。隔几小时后，再把死老鼠放在猫的嘴边，如猫还是想吃，就再打它的嘴巴并严厉地斥责它。这样经过几次训练以后，猫看到死老鼠就会引起被惩罚的条件反射而不敢吃了。

（十三）纠正猫的夜游性

猫有昼伏夜出的习性，白天活动较少，夜间却非常活跃。如任其夜间四处游荡，则可能在捕鼠、交配或厮打等过程中弄脏身体或受到伤害，不利于健康，也会影响你的居室卫生。加之猫常常夜游后，其野性增强，不利于饲养管理，如果带回传染病，还可能危及你和家人的健康。因此，不能任你的猫咪到处夜游。

纠正猫的夜游性必须从小猫开始培养。可先用笼子驯养，白天把它放出，让猫在室内活动，不许它出门，晚上再捉回笼内。时间长了猫咪就会养成习惯，即使去掉笼子，夜间也不会外出活动。

◆ 基本动作的训练

（一）“来”的训练

让猫“来”的动作是最基本的训练动作，一般情况下都能训练成功。有没有发觉当你手拿零食的时候，猫咪总会很自动地走过来？只要明白这点，叫猫咪走向你实在是很容易的事。训练之前，先让猫熟悉自己的名字。训练时，让猫咪知道你手里拿着零食，面向猫咪距离不大远的地方，叫它的名字并说“来”，引着猫咪走向你。若它真的走过来，请立刻称赞它并给它零食。若它没有反应，走向猫咪让它嗅嗅你手里的零食并再度走开，重复一次叫它的名字并说“来”。若有猫带，给它套上，必要时可轻拉猫咪提示它走向你。

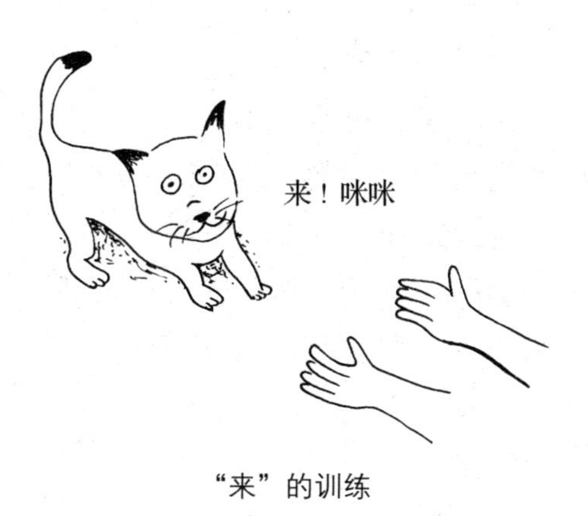

“来”的训练

如果你的猫咪服从性较低，有时虽然完全明白你的意思也不会照你的意思去做或反应很慢，因此发出命令后，若它没有反应，请待五秒以上再重复你的命令。叫了几次以后，若猫咪还是没有反应，就不要再叫下去，否则猫咪会养成“爱搭不理”的毛病。

训练经过一两天便会看到成绩，训练距离可以逐渐拉远，甚至从一间屋子走到另一间屋子。

当猫对“来”的口令形成比较牢固的条件反射时，即可开始训练猫咪对手势的条件反射。开始时，你嘴里喊“来”的口令，同时向猫招手，后逐渐只招手不喊口令，当猫能根据手势完成“来”的动作时，要给予奖励。

（二）“看”的训练

你是否发现当你对猫咪说话的时候，猫咪总会东张西望？如何让猫咪望向你呢？方法是：

训练时，面向猫咪并让它知道你手里拿着零食，叫它的名字并说“看”，然后把零食靠在你眼睛的位置上，只要它望向你的眼睛，便立刻称赞它并给它零食。若它没有反应，在猫咪面前摆动零食或让它嗅嗅零食，重复一次叫它的名字并说“看”，然后再次把零食靠在你眼睛的位置上。久而久之，无论你是否手拿零食，每次说“看”，猫咪都会自动地望着你的眼睛。

（三）走开

当猫咪跑到它不该去的地方，要它离开的方法是向它说一声“走开”，同时把手伸出并向外摆。在起初训练时若猫咪不立刻走开，可用余下的一只手轻拍猫咪使其离开，当它离开后，要立刻称赞它。

“走开”训练

（四）坐下

训练猫咪坐下的方法是，你先蹲下来手拿零食并面向猫咪，对猫咪说“坐下”，并用余下的一只手轻按猫咪背部靠近后腿的地方。起初猫咪可能不大情愿坐下，可稍微用力在其背部按下。只要它坐了下来，就对它说“好”，并待两秒左右再把按在它背部的手放开，然后说“很好”，并给它零食吃。重复练习，一两天内猫咪便应该会自动坐下。

“坐下”训练

当猫咪熟悉了以上训练后，你可以尝试从蹲下来变成站起来并逐渐把面向猫咪的距离拉远，并发出“坐下”的命令。

（五）站起来

这个训练大概要花四至五天左右的时间，训练方法如下：

你要蹲下来，面向猫咪（猫咪要坐着）。把零食用拇指及食指拿着，靠到猫咪的鼻尖。把零食从猫咪的鼻尖沿鼻梁向上移至它的头顶，手的高度不要太高，以猫咪抬起前脚时，臀部仍坐在地上为宜，这样猫咪较易平衡。猫咪为注视零食头会随之抬起。叫猫咪的名字并说“站起来”。使拿零食的手手心向上，摆动余下三指做出“站起来”的手势，用余下的一只手放在猫咪前脚脚跟后，并轻轻掀起前脚使猫咪站起，称赞猫咪并继续保持以上动作一至两秒。对猫咪说“很好”，并奖励零食。

重复以上步骤，随着训练次数增加，逐渐减少或延迟掀起前脚使猫咪站起来的动作，大约经过四五天的训练后，猫咪便会在你做出“站起来”的手势时自动站起。

（六）趴下

猫咪趴下的训练需要五天左右。这个训练有点儿困难，因为即使猫咪明白你的意思，但是它有时会不情愿去照办，所以奖励猫咪喜爱的零食是非常重要的。另外，有条件的话两个人训练比较好，否则会有点手忙脚乱。训练方法如下：

你先蹲下来，面向猫咪（猫咪应坐着），让猫咪知道你手拿零食。然后放下零食，叫猫咪的名字并说“趴下”，同时把手伸平并向下一压，做出趴下的手势，再用手放在猫咪一双前脚的脚跟处，轻轻向前一拖，使猫咪趴下。若进行以上动作时发生困难，可同时用另一只手轻按猫咪肩部来让它完成趴下的动作，称赞猫咪并奖励零食。

重复练习，随着训练次数增加，要逐渐减少或延迟把猫咪前脚轻拖和轻按猫咪肩部这两个动作。

（七）不要动

“不要动”是用来配合“坐下”，“站起来”和“趴下”这些训练的，

“不要动”训练

作用是要猫咪保持这些动作一动也不动，直至主人说“很好”为止。训练方法如下：

譬如叫猫咪“坐下”，若它做对了，赞称它但不要给零食吃，然后你蹲下来把手按在它背部近后脚处以防它站起来并对它说“不要动”，待数秒后对它说“很好”，把手放开并奖励它吃的东西。重复练习，并把手按在它背部的时间拉长，延长它坐下的时间。接下来，重复以上训练但不要用手按在猫咪背部，若猫咪中途站起，把它带回原处坐下，用手按在它背部近后脚处并对它说“不要动”，待数秒后对它说“很好”，把手放开并奖励它东西吃。重复练习，并把要它坐下的时间拉长。

当猫咪熟悉以上训练后，你可以从蹲下来改为站起来发出命令。说“不要动”以后，你可试试自己向后移动，看看猫咪是否会因此站起。一定要做到，无论你向后走开还是绕着猫咪走一圈儿，它都应该保持原有的动作不动，那么“不要动”的训练才算成功。

需要注意的是：说“不要动”时，要用手掌对着猫咪脸部近处摆动一下，因为猫咪对手势比口令掌握得快。

另外，说“很好”时，大声和轻快一点。

（八）跳下来

当猫咪跳到桌面或其他家具上时，要它跳下来的方法是：向它说一声“下来”，同时把手伸出并指向地上。在起初训练时若猫咪不立刻跳下来，可用余下的一只手轻拍猫咪使其跳下。当它跳下来后，要立刻称赞它。

（九）跳上去

这个训练的目的是要教导猫咪跳到你指定的地方上，如椅子上或你大腿上。在训练时请注意不要让猫咪跳到它不该去的地方，如餐桌或床等家具上，以免混淆。训练方法如下：

把猫咪放在地上，你坐在某个地方，手拿零食吸引猫咪的注意，手的高度要在猫咪不跳上来就触及不到的地方，接着对猫咪说“上来”或“跳”并手拍大腿（或要它跳上指定的地方）两三下。起初若猫咪不跳上来，可等数秒再说“上来”，并手拍大腿（或指定的地方），若猫咪还是没有跳上来，要把猫咪整个抱起并放在大腿（或指定地方）上，称赞猫咪并奖励它吃零食，如此反复练习。

手拍大腿（或指定地方）两三下的目的是因为猫咪对手势训练较口令训练接受得快。

注意：猫咪熟悉这个训练后，可能在你不注意时随时跳上你的大腿，这种情况请不要鼓励也不要责备，若无其事地把它放回地上，面背向它，不加理会。

另外，猫咪跳上你的大腿时可能出爪，因此你要记着穿长裤。

◆ 趣味训练

（一）翻过来

这个训练比较困难，要用上一星期的时间才会有点儿成绩。可能翻转身不是猫咪喜爱的动作，命令猫咪做这个动作时，有时要叫上好几次，它才会不大情愿地翻过来。

具体训练方法是：

首先命令猫咪趴下来，把零食夹在食指和中指间，把手翻转做出“翻过来”手势的同时对猫咪说“翻过来”。用余下的一只手轻轻扶着猫咪的肩膀把猫咪翻过来。称赞猫咪并奖励零食。起初猫咪可能不大情愿翻身，要耐心地训练。若把猫咪翻过来时有困难，请人帮忙训练效果会比较好。

训练时你会发觉最初的数十次别说要让猫咪明白“翻过来”的意思，就连用手把猫咪翻过来也有困难。这时你不妨在做手势时，用零食引导猫咪的视线，使猫咪的头部随视线转动并带动身子翻过来。时间久了，猫咪抗拒被翻过来的情况就会减少。

随着训练次数的增加，要逐渐延迟并减少用手把猫咪翻过来的动作，而是让猫咪自己尝试把身子翻过来。必要时用手把猫咪翻过四分之一或半个圈儿来提醒它。

（二）亲吻

训练前，把猫咪放在一个与你面部有一定距离的地方，以零食引起猫咪注意，然后把零食放下，用食指轻点你鼻尖数下（要确保猫咪始终注视着你的手部动作），在面距很近的情况下叫猫咪的名字并说“亲亲”，把另一只手放在猫的头部背后，轻轻向前推使其鼻子与你的碰上。称赞它并给它零食。起初猫咪会不大情愿，请不要灰心，重复练习。经过几天，上百次地把它的头部靠过来，它才会懂得这个“亲亲”的命令。

注意：因面距很近猫咪会很不自然，请你把眼睛半开半合，并慢慢眨眼，使猫咪不感到威胁并放心下来。

当猫咪熟悉这个训练后，你可把轻点鼻尖改为轻点面额，或把高度与距离拉远。

（三）握手

这个训练一点也不困难，若每天训练三次，每次五分钟，两三天左右猫咪便能跟你握手。当猫咪完全明白这个训练后，每次你把手移至猫咪的膝盖附近发出“握握手”的命令时，猫咪便会自动抬起它的“手”放在你的手里。训练方法如下：

你先蹲下来，面向猫咪，把零食藏于手指里，靠到猫咪的面前，在猫咪尝试吃零食时，叫猫咪的名字并说“握握手”，用另一只手放在猫咪的后脚跟，轻拍两三下再提起猫咪的前腿做握手状，称赞猫咪并奖励零食。重复练习，随训练次数增加，逐渐减少或延迟提起猫咪前腿的动作。

下一步，把手移至猫咪的膝盖位置附近，手心向上，叫猫咪的名字并说“握握手”。若猫咪把“手”抬起，你便轻握它的“手”，称赞猫咪并奖励零食，若猫咪没有把“手”抬起，你便轻拍猫咪的后脚跟两三下来提醒它。

（四）挥手

这个训练是“握手”训练的延续。只要猫咪学会了“握手”，“挥手”可以说是易如反掌。方法如下：

你对着猫咪左右摆手（像说“再见”一样），并说“挥挥手”，另一只手伸到猫咪的膝盖附近与它握手，它一抬起“手臂”，你便缩手，称赞它并奖励零食。接着你逐渐把手放到较高位置，令猫咪把“手”抬得更高，称赞猫咪也要适当延迟一会儿，待它挥上好几次“手”再称赞它。

这个训练很有趣，猫咪活像招财猫一般，很可爱！

（五）如何令猫咪坐在你的肩上

训练前，找一个适当的地方，以防猫咪随时跳下来受伤，地上不可有杂物，若有猫带，不妨给猫咪套上。训练时为防止肩部被猫抓伤，切记穿上一件厚衣服。

训练方法如下：

把猫咪放在一侧肩上，若放在右肩，用右手把猫咪背部轻轻按下。左手把猫带绕过颈后并拿着，这样猫咪较难跳下。在最初训练时，猫咪会比较紧张，若它四条腿都站在你的肩上，请用左手把猫咪前腿向前放下，使其趴在你的肩上。请拿零食给猫咪并称赞它。当猫咪习惯后，逐渐把停留时间延长或你可试试把它放在颈后或带它四处走走。

因每只猫咪性格不同，有些可能很喜欢坐在主人肩上，有些就迫不及待要跳下来。把猫咪从肩上放下来的方法是你先蹲下来并说“下来”。

（六）衔物训练

此项训练比较复杂，应分两步进行。

第一步是基础训练。即先给猫戴项圈，以控制猫的行动。训练时，一只手牵住项圈，另一只手拿着让猫衔的物品，当发出“叼住”的口令的同时，将物品塞入猫的口腔内，当猫衔住物品时，立即用“好”的口令和抚摸予以奖励。接着发出“吐”的口令，当猫吐出物品后，喂点食物并抚摸奖励。经过多次训练后，当你发出“叼住”或“吐”的口令，猫就会做出相应的叼住或吐出物品的动作。

第二步是整套动作的训练。你将猫能叼住或吐出的物品在猫面前晃动，引起猫的注意。然后，将此物品抛至几米远的地方，再用手指向物品，对猫发出“叼住”的口令，令猫前去衔取。如果猫不去，则应牵引猫前去，并重复“叼住”的口令的同时指向物品。猫叼住物品后即发出“来”的口令，当猫回到你身边时，发出“吐”的口令，猫吐出物品后，立即予以食物奖励。如此反复训练，猫咪就能叼回你抛出去的物品了。

（七）钻猫洞训练

猫洞类型很多，有难有易。有的即可向内开，也可向外开；有的只能向内开，猫可进不可出；还有的带锁，这样可防止猫在晚上出门。最贵的一种是电磁型的，只有猫颈圈上的磁铁才能打开洞门。这样可防止别的猫进屋。在确定猫可独立外出后，你可以开始考虑装个猫洞，猫洞可让猫来去自由。安装时注意高度，一般离地面大约15厘米。大多数猫能迅速学会使用猫洞。

如果开始时猫不愿接近猫洞，可把它放在门边，并支起洞门口，鼓励猫钻洞，在门外用食物引诱猫出门，或轻轻把猫拖出去。不用多久猫就能学会推开猫洞门。如果猫很难通过猫洞，那是因为洞口离地面太高。

（八）跳高钻圈训练

先将一个铁环或其他环状物立着放在地板上，你站在铁环的一侧，让猫站在另一侧，你和猫同时面向环。你不断地发出“跳”的口令，同时向猫招手，猫偶尔会钻过环，此时立即给予食物和抚摸奖励。但猫如果绕环走过来，不但不能给予奖励，而且还要轻轻训斥。在食物的引诱下，猫咪会在你发出“跳”的口令之后钻过环。如此反复训练后，应逐渐升高环的高度，但开始时升幅不应过大，而且不可操之过急。同样，猫咪每跳过环一次，都要给予食物奖励，如果从环下面走过来，就要轻轻训斥。经过耐心反复训练的猫能跳过离地面30～60厘米高的铁环。

六、怎样饲养乖猫咪才好呢

◆ 乖猫咪的饮食和营养

猫是一种独立性比较强的动物，对人的依赖性比较小，而且猫是一种贪图享受，喜欢美味佳肴的动物，如果您没有满足它的口味，它很有可能会弃你而去、离家出走。所以在饮食上您要照顾得无微不至才好。要针对猫咪的特点精心配料、细心加工，不但烹饪出口味，也要烹饪出营养。

饲喂猫咪应该定时定量，不要因为逗着好玩无限制地给猫咪喂零食，因为无节制的饲喂会造成猫咪的消化系统功能紊乱。

那么乖猫咪需要哪些营养物质呢？

（一）蛋白质

蛋白质是构成组织器官、各种酶类、激素、抗体的主要成分，具有修复组织、参与代谢、供给热能的作用。如果缺乏就会造成乖猫咪生长发育缓慢、瘦弱、抵抗力差、性成熟受阻、雄性猫睾丸萎缩、性欲减退、精液品质不良；雌性猫表现为发情异常、不孕、流产、弱胎等。我想你不会希望猫咪出现这种情况吧。应该提醒您的是，动物肝脏含有大量的维生素A，不可长期食用，生肝有轻泻作用，猫咪吃熟肝有时便秘。脾脏和沙丁鱼也可软化粪便，所以喂量要适当。牛奶中蛋白质的含量比猫奶低，所以还要额外补充一些优质蛋白，还要适当加入一些维生素A、维生素D或鱼肝油。

蛋白质是猫咪生命运动不可缺少的物质，鱼、肉、蛋、奶是蛋白质的主要来源。动物脏器含有丰富的蛋白质，它可以增进猫咪的胃口使其健康成长。

（二）脂肪的作用

脂肪是能量和必需脂肪酸的主要来源，它能改善食物的适口性，同时也是脂溶性维生素A、维生素D、维生素E、维生素K的载体。必需脂肪酸缺乏时，乖猫咪容易出现皮炎、皮肤瘙痒、皮屑增多、皮肤干燥、被毛无光泽等症。同时，肾脏和生殖系统的功能都会受到严重影响。喂猫时必须加入适量的脂肪。一般地说1%的亚油酸或花生四烯酸完全可以防止必需脂肪酸的缺乏。

（三）碳水化合物

植物性饲料是碳水化合物的主要来源。例如：淀粉类、纤维素类、糖类，都是乖猫咪所需能量的来源之一；同时具有宽肠通便的作用。一般来讲低碳水化合物高脂肪食物能提高猫咪的耐受力，高碳水化合物食物不适合现代乖猫咪的体形、素质和毛色。纤维含量过高也会导致胃肠功能紊乱，出现消化不良、腹泻等症状。糖也是不错的碳水化合物，但由于有些乖猫咪不能合成足够的乳糖消化酶，造成乳糖在肠道中积累发酵而引起腹泻。乳类中就含有乳糖，所以这也就是为什么有些猫咪喝奶后拉稀的原因。

（四）维生素类的功效

维生素在乖猫咪体内具有调节生理机能的重要作用，它不仅能够增强神经系统的功能，而且参与酶系统的组成。按照它的溶剂不同，可分为脂溶性维生素和水溶性维生素。体内储存的脂溶性维生素要多于水溶性维生素。维生素D、维生素K、维生素C、维生素B能在猫咪体内合成，不必从食物中补充。其他维生素则必须从食物中获取。

1. *脂溶性维生素*　这类维生素以脂肪作为它的溶剂，故而被命名为脂溶性维生素。它包括：维生素A、维生素D、维生素E、维生素K。

（1）维生素A的作用。胡萝卜素在猫咪体内不能转化为维生素A，所以只能从食物中获取。所以，一旦喂养不善就容易造成维生素A缺乏。视网膜上的视紫质就是维生素A和特殊蛋白质结合的产物，有了它乖猫咪才能看得见东西，尤其在夜间黑暗条件下，它的作用更大。除此之外上皮组织的正常结构和上皮细胞的正常生长，骨骼和牙齿的生长都离不开维生素A。

维生素A缺乏会引起夜盲症，并出现生长发育不良等症。乖猫咪会表现为眼睛干燥、结膜炎、共济失调、皮肤溃疡等。严重的还会出现呼吸道感染，甚至死亡。过量会引起骨质疏松、跛行、牙周炎和牙齿脱落。因此，不要给乖猫咪喂过多的鱼肝油和动物肝脏，同时要注意日粮中不能缺乏脂肪，以免影响维生素A的吸收。

（2）维生素D的作用。动物性食品中的维生素D_3，植物性食品中的维生素D_2是猫体内维生素D的主要来源。猫咪体内也能合成维生素D。维生素D的重要作用是促进小肠对钙、磷的吸收，参与骨钙的沉积和溶解，维持血磷血钙的正常水平。

对乖猫咪来说维生素D的缺乏和过量同样有害。缺乏时会导致佝偻病。过量可引起心、血管、肺、肾、胃以及肌肉软组织钙化，严重的还可引起死亡。

乖猫咪对维生素D的需要量，取决于食物中钙、磷浓度和钙、磷比例，浓度、比例合适需要量就少，反之需要的就多。

（3）维生素E的功效。维生素E又叫生育酚，影响着机体的繁殖和泌乳。它是一种抗氧化剂，能帮助维持细胞膜的稳定性。

乖猫咪缺乏维生素E会导致发育不良、睾丸生殖上皮变性、精液品质不良、性机能减退、妊娠困难、流产等症。长期过量地补充维生素E会影响甲状腺活力和机体的凝血功能。

乖猫咪对维生素E的需要量和食物中多聚不饱和脂肪酸的水平成正比，酸败的脂肪可以破坏维生素E的活性。

猫缺乏维生素E，突出的症状是厌食，不爱活动。由于肌肉萎缩及营养性退化，患猫常蹲坐。死后剖检，可见体内脂肪变黄，称做黄脂症。长期饲喂金枪鱼可诱发本病。

（4）维生素K的功效。维生素K有促进凝血的作用，包括K_1、K_2、

K_3三种。健康乖猫咪的肠道细菌可以合成维生素K，一般不会缺乏。维生素K食入过量，青年猫会出现贫血和血液异常的病变，但不会出现严重的中毒。

2．水溶性维生素

（1）B族维生素。维生素B_1：又称硫胺素，是一种含硫化合物。它是丙酮酸氧化脱羟酶的辅酶，在促进碳水化合物的代谢中具有重要作用。

维生素B_1缺乏时，丙酮和乳酸因无法脱羟氧化在体内蓄积，导致血液和组织中浓度增高。出现食欲不振、呕吐、神经紊乱、惊厥、共济失调、麻痹、虚脱等，以及多发性神经炎，心脏机能障碍甚至心衰死亡。其中典型的症状是多发性神经炎。

在体内维生素B_1的需要量和食物中碳水化合物的含量成正比。所以，给乖猫咪喂高糖分的食物时，要注意补充维生素B_1。

维生素B_2：又称核黄素，是黄色辅酶的组成部分。细胞生长不能缺少核黄素，它是许多氧化酶的组成部分，影响着蛋白质、脂肪和核酸的代谢。

维生素B_2缺乏时，乖猫咪出现厌食、失重、后肢肌肉萎缩、睾丸发育不良、结膜炎、角膜炎和角膜混浊等症。

泛酸：是辅酶A的组成部分，辅酶A参与氨基酸、碳水化合物、脂肪的代谢。泛酸缺乏时，表现为生长发育迟缓、脱毛、呕吐、胃溃疡、脂肪肝等。动植物组织中富含泛酸，一般不会缺乏。

烟酸：又称尼克酸，是辅酶Ⅰ和辅酶Ⅱ的组成成分。烟酸在体内转变成具有生物活性的烟酰胺，参加养分利用的氧化还原反应。

乖猫咪缺乏烟酸时的主要表现为：生长迟缓，口腔溃疡，流涎，呼出气体有臭味，腹泻，消瘦，皮肤粗糙。幼猫可在生后3周左右死亡。由于猫咪不能自身合成烟酸，所以必须从食物中获得。成年猫咪每天需要烟酸2.6～4.0毫克。

维生素B_6：又称吡哆醇，维生素B_6有3种结构——吡哆醇、吡哆醛、吡哆胺，其活性相当，在体内正常代谢过程中可以相互转换。维生素B_6主要参与蛋白质和非蛋白氮的代谢，与氨基酸的分解有关。所以，食物中蛋白质的含量越高对维生素B_6的需要量也越大。

维生素B_6缺乏时，乖猫咪会出现厌食、生长缓慢、体重下降，皮肤发炎、脱毛及贫血等症。有的尿中的草酸钙结晶在尿道内沉积，阻塞尿路，导致排尿困难，血液检验可见小红细胞低血红蛋白性贫血。其中特别是公猫较为多发。成年猫每天需要0.2～0.3毫克。维生素B_6几乎没有什么毒性，大剂量应用对乖猫咪影响不大。

（2）生物素。生物素是羟基化合物代谢中某些反应步骤不可缺少的辅酶。它可由乖猫咪肠道中的细菌自行合成，所以一般不会缺乏。但大剂量抗生素可抑制细菌合成生物素，给乖猫咪食用大量生鸡蛋时，鸡蛋蛋白中的抗生物素蛋白也会使生物素失去活性。由于抗生物素蛋白对热敏感，鸡蛋煮熟后喂给乖猫咪比较好。生物素缺乏时，乖猫咪会出现皮炎。

（3）叶酸。叶酸是构成具有生物活性的四氢叶酸盐的重要成分，它在合成DNA的原料中起着关键的作用。缺乏适当的DNA会阻碍骨髓中原血红细胞的生成，从而导致贫血。乖猫咪肠道内的细菌可自己制造叶酸，所以一般不会缺乏。当然，大剂量使用抗生素时除外，因为抗生素抑制了肠道内有益菌的功能。一只成年猫日需要量为1.0毫克。有人研究，幼猫断奶之后，人工饲喂不含叶酸的食物，经过9周即见生长停滞，血清及红细胞内的叶酸含量下降，并出现巨红细胞性贫血。据实验报道，母猫在产前3周补给叶酸，叶酸可以通过胎盘输送给胎儿。

（4）维生素B_{12}。又称钴胺素，是一种含有微量元素钴的维生素。主要参与乖猫咪体内脂肪和碳水化合物的代谢，也参与髓磷脂的合成，在维持神经系统正常功能中起着重要作用。同时，维生素B_{12}还可以促进红细胞的生成。在预防和治疗乖猫咪的贫血时起着重要作用。

（5）胆碱。胆碱可以形成磷脂参加细胞膜的合成，也是神经递质——乙酰胆碱的前体。因此，胆碱对于维护细胞的完整和神经系统的正常传导具有重要意义。缺乏时可引起严重的肝、肾机能障碍。胆碱在食物中存在比较广泛，又可和蛋氨酸互相替代，乖猫咪一般不会缺乏胆碱。

（6）维生素C。维生素C又称抗坏血酸，它能促进细胞间质的生成，降低毛细血管的通透性和脆性。同时，还具有保护巯基酶不被破坏，和拮抗组织胺、缓激酞的作用。乖猫咪缺乏维生素C时，会出现阵发性剧烈疼痛，数分钟后恢复正常，如在其食物中添加维生素C，症状即可消失。由于乖猫咪可以利用葡萄糖合成维生素C，一般不用在食物中特意添加。

（五）矿物质和微量元素

1. *矿物质*

（1）钙和磷。体内钙和磷的需要是密切相关的，它们是骨骼和牙齿的主要成分。此外，钙还是血液凝固和神经传导的必需物质；磷参加酶系统的构成，并能储存和传递能量。

乖猫咪缺钙，可出现甲状旁腺机能亢进、骨骼软化、牙齿脱落。严重时可出现低钙血症、自发性骨折、佝偻病等。缺磷可引起食欲减退、发育迟缓、骨软佝偻。

高磷可出现缺钙的症状，这说明高磷会抑制钙的吸收。所以，食物中适当的钙磷比例，对发挥钙磷的作用有积极的影响。一般认为钙磷比例在（0.9∶1）~（1.1∶1）比较适宜。乖猫咪食物的原料中磷的水平比较高，所以给乖猫咪补钙是极为必要的。

（2）钾。乖猫咪的组织细胞中需要大量的钾，神经的传导、体液的平衡、肌肉的代谢都需要钾。钾缺乏时，会出现肌肉无力、生长缓慢、心肾损害。由于食物中含有大量的钾，所以没有额外补钾的必要。

（3）钠和氯。细胞外液中需要大量的钠和氯，其主要作用是维持乖猫咪正常的生理功能，如消化液的分泌、内环境的酸碱平衡等。

乖猫咪缺乏钠和氯时，容易出现耐力差易疲劳、饮水少皮肤干燥、蛋白质利用率低下。食盐是补充钠和氯的常用添加剂，但量过大会使心脏遭受损害。一般食物中盐的含量占干物质的1%以内比较合适。

（4）镁。镁在许多代谢反应中起重要作用，软组织、骨骼、心脏都离不开镁，镁和钙一起维持着肌肉和神经的正常功能。缺镁会引起肌肉萎缩，甚至出现痉挛。镁的不足还会影响血钙在其他组织中的沉积，从而出现血钙过高。

2. 微量元素

（1）铁。铁是血红蛋白和肌红蛋白的组成成分，在氧的运输中起着重要作用；同时也是很多代谢酶的成分。乖猫咪缺铁会引起贫血，临床表现为虚弱无力和疲劳懒惰。动物性食物中的铁比植物性食物中的铁容易吸收，常喂肉食乖猫咪不容易出现缺铁。过量补铁对乖猫咪是有害的，容易引起厌食、体重减轻、胃肠炎等。

（2）铜。铜是许多酶的组成成分，同时对铁的吸收利用有着重要影响。缺铜时会抑制铁的吸收利用，即使铁的含量正常，也会出现贫血。还会导致含铜酶的活性降低，引起骨胶原的稳定性和韧性降低，而出现骨骼异常变化。高铜食物同样会抑制铁的吸收引发贫血，因此补铜的时候一定要恰到好处。值得提醒大家的是：高铜会损伤其肝脏，出现肝炎、肝硬化。

（3）锰。在很多代谢反应中都有锰的参与，主要是锰可以激活酶反应。缺锰可以导致需要锰参加的酶促反应失常，乖猫咪缺锰主要表现为生长发育迟缓和脂类代谢紊乱。锰的毒性很小，过量会因为抑制铁的吸收，而使血红蛋白减少。另外，高锰还会引起某些种类的动物繁殖力下降。

（4）锌。锌是某些酶和核酸的组成部分，它参与蛋白质的合成。缺锌时乖猫咪会出现厌食消瘦、发育缓慢、睾丸萎缩、精子活力减退以及皮肤溃疡。

食物中的钙和锌有拮抗作用，所以喂给高钙食物时，要注意补锌。

（5）碘。合成甲状腺素离不开碘，甲状腺素能调节机体的代谢。缺碘会造成甲状腺机能异常，甲状腺素分泌减少，使年幼的乖猫咪生长发育受阻出现呆小症，成年乖猫咪患黏液水肿，临床表现为反应迟钝易疲劳、被毛稀短皮肤硬化。补碘过量会引起中毒。假如猫的食物中缺碘，30周后甲状腺机能下降，甲状腺体渐渐缩小。猫缺乏碘的主要表现是：生长缓慢，被毛稀疏，皮肤增厚变硬，头部水肿，头形变大，行动迟顿，表情呆板，性机能下降，不易受孕，有的难产，胎儿有腭裂。幼猫从饲喂含碘低的肉类改喂含碘丰富的鱼类，时间长可使甲状腺增大，甲状腺机能亢进，患猫容易兴奋，好动不好静，但在短时间活动之后，顿时又表现疲劳、气喘，体温略有升高（因代谢旺盛）。

（6）硒。硒是谷胱甘酞过氧化酶的特异成分，可以保护细胞膜不被代谢中产生的过氧化物损伤。同时，硒还可以防止铅、汞等重金属中毒。缺硒可以引起乖猫咪骨骼和心肌的异常变化。由于在乖猫咪体内硒不能由维生素E完全代替，所以补硒是必要的。又因为硒的需要量和中毒量相差很少，所以补硒要格外慎重。

（六）水分

水是一种普遍存在的物质。正因为普遍，所以容易被人们忽视。其实水并不普通，因为它是生命运动不可缺少的物质。血液离不开水，细胞、组织、器官的完整离不开水，消化液离不开水，体内所有生化反应的进行都离不开水！当然，代谢产物的排除更离不开水。某种意义上说水比食物更重要。水没了，一个可爱的生命也就终结了。

◆ 乖猫咪食物的种类

尽管乖猫咪的食物品种繁多，但按其性状可分为干燥型饲料、半湿型饲料、罐头型饲料；按食物原料的性质可分为谷物类、豆制品类、蔬果类、动物蛋白类、添加剂类；按照其加工风格可分为烧烤类、蒸煮类、凉拌类等。按食物是否具有治疗作用分为特殊配方饲料或处方饲料。

（一）按食物原料的性质分类

1. *谷物类食物*　主要包括玉米、大米、小米、大麦、小麦、高粱等。谷物是乖猫咪机体所需能量的主要来源，主要成分是碳水化合物、蛋白质、无机盐和维生素。其中碳水化合物占的比例最大，谷物提供了大量的能量。但蛋白质、无机盐、维生素所占比例比较小，氨基酸的种类也少，远远不能满足乖猫咪生长发育的需要。

2. *豆制品类食物*　主要包括豆腐、豆浆、豆干、豆沙、豆蓉等。其前身是黄豆、豌豆、红豆、绿豆等，其特点是蛋白质含量高，氨基酸的种类齐全，赖氨酸含量比较高，缺点是蛋氨酸含量低。

3. *动物性蛋白质类食物*　常用的有鱼、肉、蛋、奶等，这类食物味道鲜美、易于消化吸收，能供给乖猫咪优质的蛋白质，并弥补植物类蛋白质氨基酸的不足。其脂肪能提供必需脂肪酸和大量的能量，肉食中饱和脂肪酸含量高，鱼、蛋、奶中不饱和脂肪酸含量高。同时又能提供丰富的脂溶性维生素，尤其动物内脏中含量更高。

4．蔬果类食物　新鲜的蔬菜、水果甜嫩多汁，富含维生素和无机盐，不仅营养丰富，适口性也好，很多乖猫咪都很喜欢。蔬菜水果中含有丰富的B族维生素和维生素C，以及钙、磷、铁、钾、钠、镁、硫、碘、铜等。蔬菜水果中的纤维素、果胶，还有润肠通便的作用，可以维护乖猫咪消化系统的正常功能。

5．添加剂类食物　添加剂是指根据乖猫咪的实际需要，在其食物中添加的，具有特殊作用的补充剂。如：矿物质、维生素、抗生素、防腐剂、香料等。应该指出的是猫咪对抗生素是比较敏感的，即使小剂量也可以改变消化道内的正常菌群。而且氯霉素对猫咪的毒性很大，不适合给猫咪用。防腐剂、抗氧化剂会引起猫咪肝脏肿大和蓄积性中毒，甚至导致猫咪死亡。

（二）按食物性状分类

随着宠物热的兴起和发展，目前国内外有许多加工好的猫商品食物。这类食物经过科学配方以适应不同生长发育阶段的猫的营养需要。其营养价值较全面，饲喂时无需加工，十分方便。这类饲料一般可分为干燥型饲料、半湿型饲料、罐头型饲料等。

猫咪的食物

1．干燥型饲料　干燥型饲料含水量一般为8%～12%，常制成颗粒状或薄饼状，易长时间保存，不需冷藏。这类饲料多由各种谷类、豆科籽实、动物性饲料、水产品以及这些饲料的副产品、乳制品、脂肪或其他油类和各种矿物质、维生素、添加剂加工制成。干燥型饲料中干物质含粗蛋白质为32%～38%，粗脂肪为8%～12%。用这类饲料饲喂猫时，应注意必须保证给猫提供充足的新鲜、清洁饮水。

2. 半湿型饲料　这类饲料含水量为30%～35%，常制成饼状、条状或粗颗粒状。这类饲料中必须加入防腐剂和抗氧化剂，还必须密封袋口，真空包装，不需冷冻，能在常温下保存一段时间而不变质，但保存期不宜过长。每包饲料的量是以一只猫一餐的食量为标准。打开后应及时给猫饲喂，以免腐败变质，尤其是在炎热的夏季。在半湿型饲料中，粗蛋白质含量占干物质的34%～40%，粗脂肪占10%～15%。其制作原料与干燥型饲料相同。

3. 罐头型饲料　这类饲料含水量为72%～78%，营养齐全，适口性好。饲料干物质中含粗蛋白质35%～41%，粗脂肪9%～18%。罐头饲料除有营养全面的全价罐头饲料外，也有以某一类饲料为主的单一型罐头饲料，如肉罐头、鱼罐头、肝罐头、蔬菜罐头等。养猫者可根据自己饲养猫的口味及营养需要，进行选择和搭配，这类饲料使用方便，罐头打开后应及时给猫饲喂。

（三）处方饲料

这类特殊配方饲料主要是针对患不同疾病的猫（如心脏病、肾脏病、尿结石病等）和不同年龄的猫的生理需要和不同的病因配制成的罐头饲料。这类食品多由兽医根据猫的具体情况在进行药物治疗的同时加上配给，临床效果十分明显。

（四）按加工风格分

1. 烧烤类　经过明火烤、焙制熟，具有特殊的香味，可增强乖猫咪的食欲，如烤鱼、烤肉、炒豆粉等。但由于在烧烤过程中有少量的有害物质产生，如亚硝酸盐，所以不适合大量喂给乖猫咪。由于烧烤操作简单，所以是在外出缺少器具时常用的手段。

2. 蒸煮类　蒸煮是最简单的也是最有效的加工手段，常用的食物都可以用这种方法加工制熟，在不使用成品食物的家庭或饲养场都采用这种加工手段。优点是营养成分破坏少。当然，简单的器具是必不可少的。

3. 凉拌类　凉拌是在温暖季节喂给果蔬类食物时常用的加工手段，

可有效地保存维生素，经过调制又可增加适口性，也是炎热季节给乖猫咪防暑降温的好方法。

◆ 不同阶段乖猫咪的养护

（一）1日龄～2月龄猫的喂养要点

1．*注意防寒保温*　保暖保温是提高幼猫成活率的关键。幼龄乖乖对环境温度要求比较高，1～7天环境温度保持在35～32℃，8～14天为32～30℃，15～30天为25～24℃。因为幼龄乖乖被毛稀，皮下脂肪少，保温能力差。并且调节机能不完善，适应能力差。所以在寒冷季节，外环境温度达不到要求时，应注意使用加温设施，如红外线灯、电热毯等。

2．*尽早吃到足够的初乳*　产后5天内的乳汁叫初乳，它含有大量的母源抗体，可以帮助乖猫咪增强抵抗疾病的能力。没有这些抗体，新生猫咪很难成活。另外，初乳具有缓泻作用，可以帮助猫宝宝排除胎便。

3．*适时补饲*　幼猫生命的前几周完全依靠母乳，无需另加食物。这一时期，理想的生长率应为每周100克。但由于营养、品种及母猫体重的影响，不同个体间存在很大差异。有时发生母乳供给不足，则应供给特别的乳代用品，昼夜24小时分次供应。

从3～4周龄起，幼猫开始对母猫的食物感兴趣。可给小猫一些细碎的软食物或经奶或水泡过的干食品。食品可以是母猫的，也可以为小猫特制。一旦小猫开始吃固体食物，也就开始了断奶过程。幼猫逐渐吃越来越多的固体食物，7～8周龄时则完全断奶。

（二）2～6月龄乖猫咪的喂养

这是乖猫咪生长最快的时期，这个时期的好坏关系到乖猫咪的一生。所以食物中要适当增加含蛋白质高的蛋、鱼、肉、奶、钙质和鱼肝油。过饱易导致胃肠功能紊乱，出现消化系统疾病。同时注意，要保证乖猫咪充足洁净的饮水，并避免喂给冰冷食物，也不可过早喂给难消化的食物。

（三）7～12月龄乖猫咪的喂养

对于乖猫咪来说，这个时候已完成了发育的80%，骨骼已基本成型。

以后体重的增加主要是脂肪和肌肉，为保证其体形硕美健壮，这个时期还是以自由采食为主。但我们认为为防止其大腹便便适当地控制饮食，减少饲喂次数还是必要的。

（四）成年雄性乖猫咪的喂养

对于雄性猫咪不管你是不是将其用于配种，我们都应让它达到这样的标准：胖瘦适中、健壮活泼、体力充沛、性欲旺盛、精液品质良好。为了达到这样的目标，我们应做到以下几点。

1．控制好食物中蛋白质的含量　蛋白质含量过低，会使精子数量不足，精液品质不良。长期喂给蛋白质含量过高的食物，会导致机体内环境平衡失调，使精子活力、浓度下降，畸形精子增多。

2．注意补充维生素和矿物质　钙、磷、锌、维生素A、维生素D、维生素E等，对雄性猫咪生殖系统有重要意义，缺乏会导致性能力下降，精液品质不良，时间长了还会导致睾丸变性，丧失生育能力。

3．保持足够的运动量　生命在于运动，这一点对于维持雄性乖猫咪来说尤为重要。但是，在配种前是严禁剧烈运动的。

4．合理配种做好生殖系统的保护　雄性猫咪性成熟后就有性欲表现和交配要求，一味地禁止是不人道的，但是一味地放纵也是不理智的。初配过早会影响生殖系统的发育，频繁性交会缩短猫咪的寿命。雄性乖猫咪的正常性功能一般为7年左右。另外，定期清理雄性猫咪的外生殖器，保证它的清洁避免感染是很必要的。

（五）雌性乖猫咪的喂养

雌性乖猫咪有2个时期比较特别，那就是妊娠期和哺乳期，这2个时期需要更多的营养和更细心的护理，所以我们要付出更多的爱心和耐心。

1．妊娠期的喂养

（1）初产雌性猫咪要逐步提高日粮量和营养水平。母猫交配后，采食量几乎立即增加，体重也在怀孕第一天就发生变化，这一点可是猫咪的特色。为了配合怀孕猫咪增重，逐步提高日粮的营养和采食量是极为必要的。

（2）劳逸结合做好保胎。妊娠头20天可以让其自由活动，不要怂恿乖猫咪做剧烈运动和跳跃蹦高。50天后应避免嘈杂的环境和生人探望，以防受刺激后引发流产。

（3）做好乳房和外阴的保健。一般在产前3～5天，每天用温肥皂水或浴液清洗外阴和乳房，洗后一定要用清洁柔软的毛巾擦干，防止着凉感冒，同时再涂些无刺激的护肤品，如凡士林等。

2. 哺乳期的喂养

（1）分娩后立即清洁母体和环境。雌性乖猫咪生产后，及时用清洁的温水洗掉乳房、外阴和尾巴上沾染的污物，并用柔软的毛巾擦干。污染的生产环境也要及时擦洗干净。

（2）注意调整饮食，保证母子健康。猫的泌乳期是对营养需要的最大考验，母猫不但自身需获得营养，还必须为子猫提供乳汁。小猫初生体重为85～120克，每窝1～8只。这些数字将随猫的品种、对日粮的需求等因素而变化，但明显与母猫体重无关。子猫出生后前四周全靠母猫的乳汁生活，因此母猫在此时的能量需求远远大于妊娠期，同时小猫生长也非常快。尽管从四周龄起小猫开始吃固体食物，但母猫的营养需要仍在提高，直到完全断奶（此时小猫为7～8周龄），因为母猫还在喂奶（尽管有一定程度减少）而且母猫也在重建自身的储备。分娩时母猫只减轻体重的40%，分娩后及在8周的泌乳期内，母猫逐渐减轻体重直到配种前的水平。

（3）搞好乳房的保健。每次哺乳前，最好轻柔地按摩乳房，并用清水清洁乳房。这样可以减少乳房炎的发病率，也可以减少幼猫的消化道疾病。

（六）老年乖猫咪的喂养

猫咪超过6岁就容易发生老年性疾病。此时乖猫咪各系统功能衰退，抗病能力也越来越差。所以，要给予适口性好、松软易消化的全价食物。适量添加植物油、维生素E、维生素C、维生素B6，抵抗衰老带来的不良影响，减慢衰老的进程。同时要避免破坏原有生活规律，避免剧烈运动，尽最大能力维持其健康，延长其寿命。

对猫来说，关键之处在于维持稳定的体重，避免肥胖，因为肥胖容易发病。肥胖症被认为是猫最普遍的营养性疾病。有两点需要注意，即是喂给高能食物还是供给低能食物。由于老龄猫的饮食习惯已固定，所以低能食物是不可取的，少量的适口性极强的食物更好一些。不做自由采食，定时给予少量食物更好，这也可以详细监测猫的摄食量。甲状腺机能亢进是中老龄猫的常见病之一，通常伴有食欲减退和体重减轻，这些猫可以用高能量、适口性好的食物饲喂。避免长期食欲不振（尤其是胖猫），这会导致脂肪肝。

牙结石和齿龈疾病是老龄猫最常见的两种疾病，通常导致牙齿脱落。牙病可以通过终生保持口腔卫生而避免。供给干食品有助于清洁牙齿。如果老龄猫的牙齿不好，可给予细碎的或浸湿的食物。经常供给新鲜饮水，因为老龄猫的体温调节能力不健全，对渴的敏感性降低，二者协同则会造成脱水。

有关猫消化道的吸收效率及酶活性变化的资料很少，消化道紊乱并不十分令人担忧，这类疾病中大多数病例是由于肠便秘或结肠嵌塞引起的。普遍认为随年龄的增长，消化道只有很小的变化，但老龄动物最好吃些消化率高的食物。另外，如果消化道功能失常，聪明之举是保证摄入充足的维生素。如果限制猫的日粮或猫食欲不好，应额外添加维生素（保证最大量），确保只限制能量摄入而不影响营养的摄入。临床病例中，肿瘤的发生率最高，有些迹象表明，维生素A和维生素E可能抑制某些退行性变化。

目前还不清楚猫慢性肾衰的前置性因素是什么，老龄猫普遍发生肾衰，且没有性别和品种的区别。有人认为无论在生命的早期还是后期，大量摄取蛋白质都是不利的，但目前尚无资料支持这种观点。对于这种病的治疗包括限制口粮中蛋白质的量，但如果对健康老龄猫也如此对待的话是不明智的，这会导致蛋白质的缺乏。明智的做法是食物中高生物价值的蛋白质水平应恰当。另外，与肾衰有关的物质也包括钠和磷，与蛋白质相似，应在日粮中同样供给充足的钠和磷以满足老龄猫的需要。

七、如何让猫咪生儿育女

◆ 为你的乖猫咪找个好对象

正常情况下，猫咪在6个月龄后开始逐步性成熟，大部分8个月大时就开始发情了。也就是说，乖猫咪长到6～10月龄时就成了大姑娘、小伙子了，也就开始发情寻找自己合适的对象了。在发情期间公猫和母猫都表现出一些异常的行为，作为主人应该全面了解它们的表现，做好充分的思想准备，为其婚配提供有利条件。

（一）猫咪发情期的表现

公猫咪在发情期间，到处撒尿以建立自己的地盘，弄得整个家庭环境中都有一种很难去除的臊臭味，着实让主人反感。发情的公猫和母猫食量减少，行为怪异，高声嗷叫，特别是夜里常闹得人无法睡觉。同时，发情的公猫咪如果看管不严，一有机会就可能溜出去沾花惹草，还有可能和外面的公猫咪为争夺配偶而发生争斗，导致受伤。如不注意护理伤口，就有可能感染导致化脓，或引发起其他严重疾病。

至于发情的母猫咪，问题似乎就更加严重。没怀孕的母猫咪会经常发情。多数母猫发情时会在半夜狂吼乱叫，骚扰家人和邻居的睡眠。而且母猫一旦发情就很难控制它不溜出门去，有些关在家中的母猫，虽可避免怀孕，但因经常发情，发情时性格多变，厌食，随地便溺，搅得主人心情也很烦躁。

如果为了防止乖猫咪发情时外出发生意外，或减轻发情时的狂吼乱叫及外出游逛，有条件的家庭不妨养一公一母两只猫咪，或在发情时为猫咪找好如意的配偶。

宣布自己的势力范围

（二）择偶的标准

在给猫咪找对象时一定要掌握好选择标准，否则它们是谁也看不上谁的，或者繁育的后代不是很理想。因此，主人应注意猫咪结婚年龄须在1岁以上，并定期注射各种防疫针，定期驱虫，以保障猫咪健康。猫咪骨骼应发育正常，身体不宜过胖、过瘦，生殖器官要发育正常。满足这些条件后，你的猫咪一定能建立一个美满的家庭。

◆ 乖猫咪妊娠期的管理

（一）猫咪的妊娠表现

猫咪结婚后主人应该细心观察宝宝是否怀孕了。要对怀孕期的咪咪实施特殊的照顾和管理。怀孕母猫咪最早的症状是在交配后3周内出现的，常表现为乳头的颜色从淡粉红变为深粉红色，而且乳头周围的被毛会脱落，这样更使乳头显得特别突出。受孕后3～4周，乳头呈明显的圆球状。如果有必要，在怀孕3周左右可以采用超声波来进行诊断，怀孕6周左右可以通过X光查看胎儿数目。

猫咪的怀孕期一般是63～66天，但有的晚产会拖延到71天。如果是早产，猫咪产下的则多数是死胎或生下后不久即死亡。

（二）怀孕猫咪的喂养

主人应该对怀孕期的母猫给予细心的照顾，在猫咪的饮食上要注意给予营养丰富的食物。猫咪在怀孕期间身体会需要较多的蛋白质与热量。高品质的蛋白质有牛奶制品、鸡蛋及肉类等，可以将这些食物加入猫饲料中（大约占10%的量），这样既可增加食物的蛋白质含量及味道，也不至于破坏营养的均衡。小猫用的奶粉配方也可以给怀孕及哺乳的母猫咪使用。但如果主人平时喂的就是高品质食品而且营养均衡的话，在刚怀孕的2～3周内并不需要特别去改变食物的质量。给母猫咪喂食的量应随着孕期的加长而逐渐增加，到了怀孕末期，母猫咪应该比怀孕前多吃一倍的份量，但是由于胎儿的成长而压迫腹腔内子宫周边的器官，致使母猫每餐不能吃下太多，所以主人必须增加喂食的次数，使猫咪少食多餐或将食物放在外面随母猫自由进食，但必须保障猫咪所吃的食物是干净新鲜的。

虽然我们一再强调要增加母猫怀孕期间的营养，但是还要注意不可过度喂食，以免使得猫咪肥胖或胎儿过大造成难产。猫咪在怀孕期间，行动往往变得迟钝、懒散，不爱运动，如果运动不足或身体肥胖以及日光接受得不够，均会使猫咪的生产受到影响造成难产。所以在猫咪的怀孕期，主人还要注意在管理猫咪时不要大声地斥责它，不可踢打猫咪的肚子，抱它时不要在肚子上施加压力。每天适当的运动是防止猫咪难产的最好办法，但绝对禁止让怀孕的猫咪快跑、跳跃和与其他猫咪打架等，以免剧烈运动或猫咪过于激动而发生流产。对确定怀孕的猫咪还要防止它感染疾病，以免给猫妈妈和胎儿造成不良影响，还应避免与其他猫咪咬斗造成流产。

还有一项要注意的是，怀孕中的母猫不可给予过度的钙质，甚至不需要做额外的补充。因过度添加钙质会抑制母猫内分泌系统，使得母猫咪无法产生自源性的钙质而导致依赖外源性补充。一旦分娩后泌乳，大量钙质从乳汁流失，母猫自身无法协调平衡内分泌系统，此时需要补充钙质，否则就会造成产后低血钙症。

因大多数商品猫食和家中自己喂给猫咪的食物磷的含量已足够达到猫咪的需求，所以猫很少需求磷的补充。近几年矿物质钾已逐渐被人们注重，当使用低镁饮食来防止猫咪尿道疾病时，或所喂食的食物含矿物质量不足，有时会造成猫缺乏钾离子。针对这个问题，目前几乎所有的猫食皆包含适量的钾。若你的猫咪怀疑有钾不足的情形时，兽医也可从尿液中检测出来。

需要再提醒主人的是，如果你家的宝贝怀孕了，同时又出现身体不适，应及早带它去看兽医，切不可擅自给它用药，因为很多药物是不能用于怀孕猫咪的。

孕猫的保护

◆ 猫咪宝宝的养护秘诀

（一）分娩前的准备

猫咪妊娠期为65天左右。如果确定你的猫咪怀孕后，应该检查一下日期，看看猫咪什么时间到预产期。在此之前要做好分娩的准备工作，同时密切观察猫咪是否即将临产。最后到了预产期，如果仍没有阵痛，就要及时去看兽医，以免发生意外。

首先在临产前两周内，应该为它准备一个干净的大箱子。木头箱子、纸箱子或去宠物用品商店购买专门的小房子都可以，我们把它叫做“产箱”，产箱的高度以不让子猫咪爬出来为好，其大小要适宜，能让猫咪四肢伸缩自如就行了。太大了不利于保暖。在离底部10～15厘米地方开个口，以方便母猫进出，并防止小猫掉出来，产箱最好有个盖子，需要时可以打开盖子来照应小猫咪。可以试着放干净的软毛巾鼓励它睡在里面，检查产箱内壁及底部以确保必须光滑无尖锐物体，以防划伤子猫或给猫妈妈造成伤害。将箱子放置在温暖、避风、安静的角落。猫咪在临产前，最好提前1星期就开始让母猫适应这个箱子，让它逐渐明白这就是它的“产房”和“育婴房”。

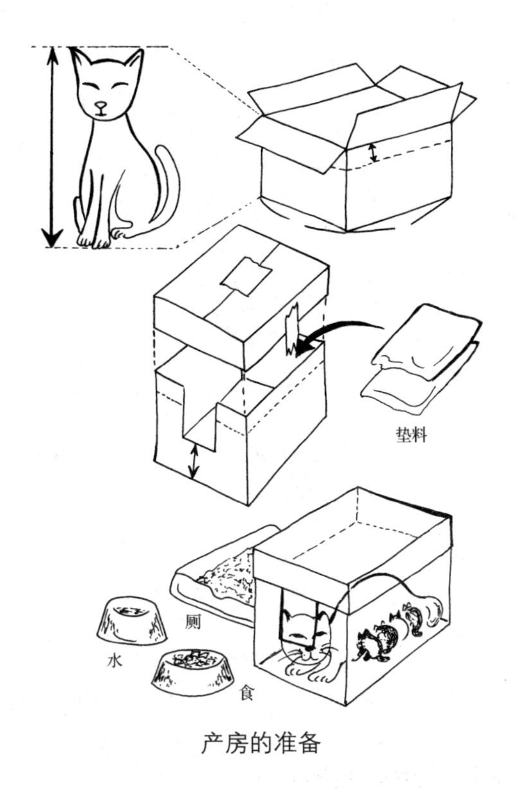

产房的准备

猫咪天生是爱干净的，搞好卫生，保障猫咪生活在一个干净、舒适的环境里，减少猫咪得病的机会。在猫咪生产前主人应对产房彻底清扫一遍，重换垫料，并用没有刺激性的消毒药如：0.5%的来苏尔水喷洒消毒，保持空气流通及产箱干燥。

备好接产用具迎接小生命的到来，常用器具有剪刀、镊子、灭菌纱布、棉球、70%酒精、5%碘酒、0.5%来苏尔、0.1%新洁尔灭等。

猫妈妈的预产期来到时，主人最好在生产前给猫咪洗一个澡，尤其要洗净臀部与乳房，洗后一定要吹干毛发，以免猫咪着凉感冒。怀孕猫咪腹部如有长毛，应把乳头周围的长毛剪去，以便于子猫吮乳。对长毛猫咪可以将其肛门附近及尾根部的长毛剪去以便于接生，减少污染。

（二）猫咪分娩的注意事项

所有一切准备好后，您就等待猫咪生产吧，在生产过程中出现问题要及时请教兽医。有条件的话，最好还是请有经验的兽医接生。如果猫咪发生难产，就应该尽快给猫咪做剖腹产。

通常在生产前1～2天的时候，母猫没有胃口吃东西，表现不安，猫叫得比以前较多，或将铺在生产用的箱子里的东西撕碎，甚至会呕吐；愈接近生产的时间，愈加去舔腹部及生殖器官。你如果没有将母猫事先安置在“产房”里，则它也许会在你的床上，橱子里或其他的地方生产。

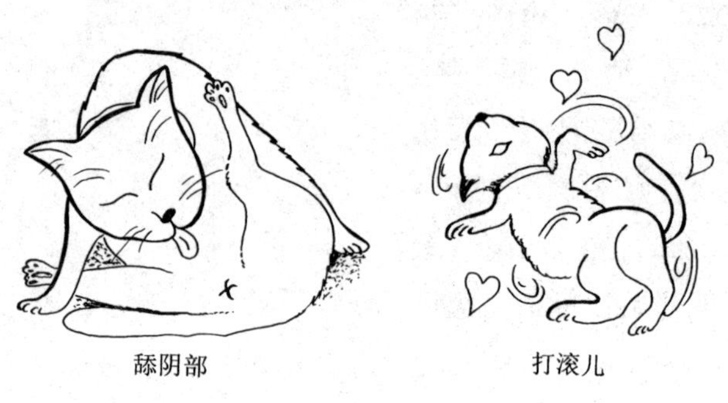

舔阴部　　打滚儿

猫妈妈待产

猫咪是多胎动物，一般每胎产1～4只，多则6只。猫咪的分娩是借助子宫和腹壁肌、膈肌的收缩把胎儿及胎盘等排出来。子宫的收缩为一阵阵的，有间歇性，故通常把子宫的收缩称为“阵缩”。而将腹壁肌和膈肌的收缩叫做“努责”。努责是随意收缩，而且是伴随阵缩进行的。分娩时间因产子多少、猫妈妈的身体素质等不同而长短不一,一般为3～4小时，有时甚至十几个小时，每只胎儿产出间隔时间为10～30分钟，最长间隔1～2小时。分娩时猫妈妈不断回顾腹部，此时子宫肌阵缩加强，出现努责，并伴随着阵痛。当阵痛时间缩短时，母猫呼吸急促且逐渐加强，然后伸长后腿，这时可以看到阴门先有稀薄的液体流出，随后第一个胎儿产出，此时胎儿尚被包在胎膜内，母猫会迅速用牙齿将胎膜撕破，再咬断脐带，让小猫自由呼吸，舔干胎儿身上的黏液。但有些没有经验或紧张的猫妈妈会忘了做，如果是这种情形，主人应该立刻弄破胎膜，否则小猫会窒息而亡。母猫在生下小猫后会咬断小猫的脐带，若小猫生下15分钟后，母猫还没有开始清理它的话，则主人可以用干净的线在脐带离身体1～2.5厘米之间绑紧，剪掉太长的脐带。但脐带太短容易感染，所以留下的脐带不可以过长或太短，注意在断口处用碘酒消毒。

如果第一个胎儿能顺利产出，其他胎儿一般不会发生难产。当然也有个别的猫咪在后面的胎儿中出现倒生等难产现象，那样主人只能对猫咪进行助产了，最好尽快去看兽医。如果母猫在产出几只胎儿之后变得安静，不断舔子猫的被毛，2～3小时后不再见努责，表明分娩已结束。也有少数间隔48小时后再度分娩的，但此时分娩的极大多数都是死胎了。咪咪在产后的头一周内，其阴道内还会排出褐绿色的恶露；产后2周，其子宫基本复原。如果继续排出恶露，就要及时送宠物医院进行治疗。

猫咪分娩后要及时清理产房，清除污物和死胎，要把猫咪外阴部、尾部、乳房等部位，用微温水加肥皂清洗和擦净并注意保温。

猫咪产后因保护子猫而变得很凶猛，刚分娩过的母猫，要保持一段时间的静养，陌生人切忌接近，避免母猫受到骚扰，刺激情绪，造成母猫恐慌不安而发生咬人或抓人的后果。泌乳期的母猫应该添加足够的钙质以避免过量钙质从乳汁中流失而出现产后低血钙的情形。

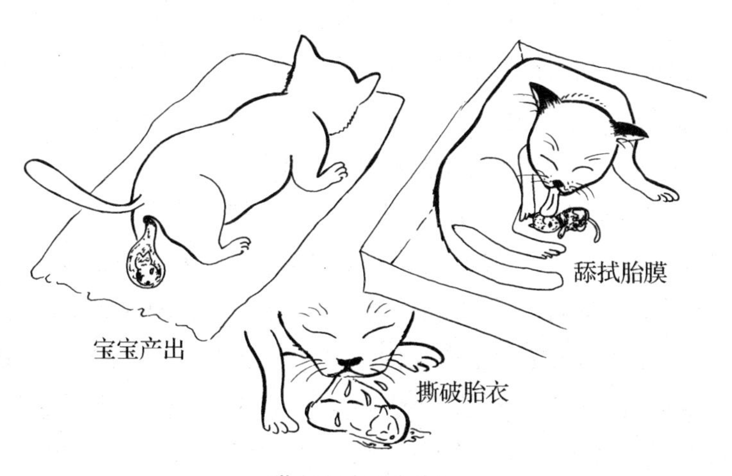

猫宝宝终于出生了

（三）猫咪宝宝的喂养

新生小猫咪适应环境的能力有限，如果照料得当，可以减少很多不必要的小猫咪死亡。小猫咪的体温和体重增长是两个最关键的指标，需要特别注意。同时，小猫咪的外观、呼吸频率、哭叫声和其他行为也是有用的信息，通过它们可以观察出小猫咪的健康程度和生命力。

刚出生的小猫咪离开母体后，即便是夏天的气温，相对在母体中还是低一些的。新生小猫咪的体温刚出生时跟猫妈妈相同，紧接着体温会减低几度（减低的程度取决于环境温度）。在出生后的3个星期内，小猫咪的体温应该保持在35.5～38℃。如果小猫咪在30分钟内被舔干净，并紧靠着放在猫妈妈身边，它的体温就回升到原来的温度。小猫咪离开母体后的体温会由38℃左右一直下降至32℃左右，由于初生幼猫还不能自动调节体温，甚至不懂得打冷颤，所以主人不会察觉到小猫怕冷。一般来说，在深秋、冬天或初春期间出生的幼猫，主人都会认为气温较低而加强小猫的保暖措施。往往是在春末夏初出生的小猫，主人常常会由于感到天气已热而忽视保暖措施。其实这个期间出生的小猫咪往往由于没有加强保暖而引起子猫发病。

寒冷是新生小猫咪最大的敌人。所以产房的保温性能一定要足够好，在第一个星期，最好能让产房温度保持在30～33℃，在一个星期以后，可以慢慢降低产房的温度或保温性能。所以，即使是在夏天，产房还是要控制一定的温度，避免穿堂风，不要吹电扇或开空调。产窝里可增加垫料，如猫窝温度过低，也可用红外线加热器，调节出子猫所需的适宜温度，给猫咪提高环境温度，保障猫咪健康成长。同时尽可能不要让幼猫离开母猫，平时应让小猫咪们堆挤在一块儿睡觉，互相取暖。

如果环境温度较低，猫妈妈离开小猫咪不久，小猫咪的体温就可能开始降低、变冷，新陈代谢会因此减慢很多。绝大部分小猫咪没有什么皮下脂肪，它们也没有收缩皮肤血管保温的能力，不能自动调节体温。小猫咪维持体温的热量是在吃奶时产生的，所以吃奶不好的小猫咪，往往会体温过低。

如果发现小猫咪的体温低于正常温度，就要采取措施慢慢地把它暖回到它的正常体温。但不能暖得速度太快（如用一个很热的热水袋或将小猫直接放在暖气上等），那样会造成皮肤血管扩张，反而使得体温丧失。增加了热量和氧气的消耗，对小猫咪的恢复是有害而无益的。最好的方法是把小猫放在你穿的衣服下贴着皮肤来取暖，让你的体温慢慢把小猫暖过来。如果小猫咪的体温已降到近34℃，并且很虚弱时，可能需要暖2～3个小时才暖得过来。暖过来的小猫咪可放在产房里保温并养育。

注意不要让体温过低的小猫咪在暖过来之前吃奶或其他东西。因为体温过低的小猫咪肠胃基本停止工作，喂下去的东西不能被消化，还会造成小猫咪胃肠胀气或呕吐。不过可以给小猫咪喝5%～10%的温热的葡萄糖水。每小时喂1次，一次喂的量按每100克体重3毫升计算，如果没有葡萄糖水，可以用蜂蜜、白糖对水代替。

小宝宝出生后，要每天观察几次，防止母猫压伤子猫。刚出生的子猫，耳朵听不见，眼睛紧闭。在子猫未睁开眼睛之前，对个别体弱猫要特别加以照顾。在猫妈妈哺乳时应将体弱子猫放在多乳汁乳头处，同时要注意检查，发现子猫爬出产床，应立即送回。

在刚出生的头两天，小猫咪把脑袋缩在胸前睡觉，它们会突然动一动，踢一踢，有时会哼几声，这是正常现象，是新生小猫咪特有的运动方式，这样做可以帮助它们增长肌肉的力量。新生小猫咪的皮肤是温暖有弹性的，如果把它拿在手里，它会用力挣扎扭动。健康的小猫咪摸上去感觉身体圆润有力。它们吃奶时吃得很卖力，嘴和舌头是湿润的。如果谁去打搅了它，它会往猫妈妈或同窝小猫那里钻。如果把它从猫妈妈身边拿开，它会试图爬回猫妈妈那里。而不健康的小猫咪就很不同，如果把它拿在手里会感到它们是软软的，摸上去还有点冷，浑身没有力气，不愿意吃奶。

初生小猫咪体重约100克。它的体重应该在7～9天时增加一倍长到200克左右。5星期大时应该差不多达到500克左右，2个月时应该差不多达到近1千克重。持续的体重增加是小猫正常生长的最好征兆，如果体重增加缓慢或停止增加，要引起注意。如果同窝有不止一只小猫体重停止增加，就应引起主人的足够重视，需要检查一下猫妈妈是不是有足够的供奶量。

猫妈妈哺乳期间，每天要分泌足量的乳汁，所以应逐渐增加食物量和饲喂次数，以加强营养。猫妈妈的进食量应该是平时的2～3倍，每日应喂3～4次，备足饮水，以便随时饮用。在营养成分上，除适当增加食物蛋白质外，还应适当增喂肉汤或牛奶。最好是喂食营养价值比较高的幼猫粮。

注意猫妈妈哺乳情况，如不给子猫哺乳，要查明是缺奶还是有病，及时采取相应措施。有的猫妈妈，尤其是初产猫妈妈奶水不足，可试用红糖水或葡萄糖水喂猫咪，并添加维生素C。也可喂给牛奶或猪蹄汤、鱼汤和猪肺汤等以增加泌乳量。

采取措施后若猫妈妈的乳水还是一直分泌不足或停乳，可将子猫送给产子少、奶水多的其他猫妈妈代哺。方法是先将猫妈妈与亲生子猫分开2小时，将此子猫移入代哺猫妈妈窝内，然后将两窝子猫身上都涂上带气味的油类或代哺母猫的乳汁，这样可避免猫妈妈拒绝代哺而咬死子猫的危险。如果没有代哺母猫，可进行人工哺乳。

如果小猫咪在出生后7天体重持续增加，就一切正常。如果小猫体重在出生后48小时内减少，但不减少出生体重的10%，并且之后体重开始回升，就要注意观察这只小猫咪，随时注意它会不会健康成长。如果小猫咪体重在48小时之内的减少超过10%的出生体重，并在72小时之内没有回升，这只小猫咪就很难生存，需要尽快进行人工喂养。

如果小猫咪出生时的体重就比同窝其他小猫少25%，那么它的存活几率也很低，需要在保育箱内人工喂养。

人工喂养小猫咪时最好选用子猫专用奶，因为猫咪的肠胃和人是不同的，所以人喝的牛奶，其实也不适合给猫咪喝。猫儿专用奶是根据猫咪的生理特点、营养需求所专门配制的，一般专业的宠物医院、猫用品店、较大规模的宠物商店都可购得到。如果小猫咪不会自己从猫碗里喝配好的猫奶，那主人可以用5毫升的注射器，将配好的温热的猫奶吸入注射器内，把小猫咪抓来，去掉针头慢慢地将猫奶滴入小猫咪口中。此时，小猫咪也会知道那是食物而慢慢地喝了起来呢！喂奶时要注意不可将注射器插入小猫咪的口中，一下将所有的奶打入口腔中，以防呛到猫咪。同时还要特别注意的是：猫奶的温度千万不可太高，因为猫咪的舌头是很怕烫的。主人在配好猫奶后可以将手指深入到奶中体验一下奶的温度，以手指感到温热即可。或将盛奶的容器贴在主人的脸上，以不感到过热即可。

人工喂养的小猫咪，注意奶里要有足够的水分。因为新生小猫咪的肾功能是不健全的，不能很好地浓缩尿液，排出很多稀释的尿而带走很多体内的水分。如果小猫咪停止吃奶，或人工喂养的小猫咪，因奶配的浓度高而缺少足够的水分，就会导致猫咪脱水。在猫咪生长过程中若发现小猫咪长不大，体重减少，体温过低，或虚弱得不能吃奶，就要考虑到它有脱水的危险。脱水的表现是：嘴巴干，舌头颜色变成比较艳的粉红，嘴巴里有黏液，身子软软的，皮肤失去弹性，揪起来后停在那里回不到原来的地方。如果猫咪出现脱水的症状就应及时给猫咪补充水分，方法是给猫咪喂一些口服补液盐。

猫宝宝的人工喂养

健康的小猫咪很少哭叫。如果哭叫的话，说明它冷了、饿了、病了或是感到疼痛了。不健康有病痛的小猫咪到处爬着寻找帮助。可能会在离开伙伴或猫妈妈温暖的身边之后由于劳累睡着了，这时小猫得不到所需要的温暖，有可能被冻得加重病情而威胁到它的生命。不健康的小猫移动很慢，而且很费劲。它们的睡姿往往是腿叉开，脑袋歪在一边，而且还会不舒服地叫，甚至叫声不停达20分钟以上。猫妈妈往往会拒绝抚养这只小猫，因为它感觉到这个孩子不能成活，不想在它身上浪费精力。对于这样的体弱子猫，如果有了人的悉心照顾，这样的猫咪往往还是可以生存的。

小猫咪满月了如果有人要领养，小猫咪的新主人要注意，不要让小猫咪吃成猫的干粮，因为成猫的干粮以谷物为基质，蛋白质含量比幼猫粮低，子猫吃后得不到足够的营养很容易发生蛋氨酸的营养缺乏。子猫通常至少需要比成猫高两倍量的蛋白质。

在饲养小猫咪时主人如果没有饲喂经验，可以直接给小猫咪喂幼猫粮，在小猫开饭前半个小时，先将猫粮加水泡软了，等时间一到准时开饭。另外，若担心营养不足，还可以用猫儿专用奶替代清水泡猫粮。主人如果很有经验的话，可视小猫咪的成长情况对猫食物做适当的调配，保障小猫咪的营养需要，使得猫咪健康成长。主人应该试着从小就让猫咪接触不同的食物，以免长大后变成一只很挑食的难养猫。定时的喂食有利于小猫咪养成良好的进食习惯，在次数上最好3个月龄前每天喂5次左右，6月龄前每天喂3次，6月龄以后猫咪已经长大成年了，可以吃任何它爱吃的食物了，这时一天2餐就可以啦！

◆ 猫咪的阉割

在此还应提醒猫咪主人的是，公猫发情时经常外出寻花问柳，还有可能和外面的公猫咪为争夺配偶而发生争斗，导致受伤，甚至走失；母猫发情时会在半夜狂吼乱叫，骚扰家人和邻居的睡眠。而且母猫一旦发情就很难控制它不溜出门去，而溜出门的猫咪就无可避免地要导致怀孕。如果让母猫自由生育则猫咪一胎可以生3～5只，一年生3次左右，经常是小猫咪还没完全断奶就又发情、怀孕。如此接二连三，所生小猫咪养之无法顾及，如果没人领养可能会导致小猫咪被遗弃，而让人可怜，甚至会增加社会问题。所以，我们认为家庭养猫如果只是为了玩赏，没有繁殖目的，还是及时为它们做节育手术为上策！

猫咪的节育手术也叫“去势”或“阉割”，就是摘除公猫的睾丸或母猫的卵巢，这样就不会出现令人烦恼的“闹猫”现象了。去势后的猫咪除了没有生育能力外，健康不受影响，而且性格更加温顺可教。母猫的阉割时间最好在出生5个月左右近性成熟时进行，母猫发情期间不可实施手术。公猫则在6个月前性未成熟时进行最好。阉割手术应请兽医实施，最好在冬天做，有利于伤口的恢复。母猫手术前停食12小时，身体健康状况不佳或有病的猫暂时不能做手术。手术后一般6～7天伤口基本愈合。但在半个月内不要洗澡。母猫去势后很快就停止发情，公猫如在发情后阉割则要延续20天左右才停止闹猫。

◆ 新生小猫咪夭折的原因

大部分的小猫咪死亡多发生于几个特别的阶段，如子宫内（流产、胎儿重吸收）、生产时（死产）、生产后（0～2周龄）及断奶期（5～12周龄）。过了这些时期之后的死亡率通常都相当低。因此，对造成12周龄前新生小猫死亡的原因就必须认真探讨和研究。一般而言，造成新生小猫咪死亡的原因不外乎下列几个原因：先天异常、营养问题（母猫及小猫）、出生体重过轻、生产时或生产后的创伤（难产、食子癖、母猫因疏忽而造成损害）、新生儿溶血、传染病及其他各种早夭原因。

1．先天异常　先天异常指的是小猫咪在出生时即可发现的异常状态，大部分是由于遗传问题引起。当然，也有许多的外在因素可以引起畸胎，如X光或某些有害物质。有些先天的异常会使小猫咪在生产时立刻死亡，或于2周内死亡，特别是那些包含中枢神经系统、心脏血管系统、呼吸系统的先天异常。其他的先天异常可能要到小猫咪能够完全自主行动时才被注意到。通常是在预防注射前的健康检查时才被兽医所发现，或者造成明显的影响时，或发现小猫的成长迟滞时。解剖上的异常包括：颚裂、头盖骨缺陷、小肠或大肠发育不全、心脏畸型、过度的肚脐或横膈赫尼亚、肾脏畸型、下泌尿道畸型及肌肉骨骼畸型；一些显微解剖上及生物化学上的异常通常无法加以诊断，并可能被归类于其他的原因，或者不明原因的死亡。

2．畸胎作用　已有许多的药物及化学物质被认为具有导致畸胎作用，造成小猫的先天异常及早夭。因此，在怀孕期间应避免给予任何的药物及化学物质，特别是类固醇及灰霉素（治疗霉菌用的口服药）。

3．营养问题　怀孕母猫被饲喂不适当的食物，可能会造成生育出虚弱或疾病的小猫咪来。近十年来被认为最严重的营养问题就是牛胆素的缺乏，已知会引起胎儿重吸收、流产、死产及发育不良的小猫。引起新生小猫营养不良的原因包括：母体严重营养不良、胎儿时缺乏适当的母体血液供应及胎盘空间的竞争。

4．体重不足　出生时的体重不足往往会造成较高的小猫死亡率。新生小猫的出生体重应该不受性别、胎数及母猫体重所影响。引起出生体重不足的原因目前尚未明了，但必定包含许多因素。虽然出生体重不足常被归因于早产，但大部分的临床病例则多为满期生产。可能是由于先天异常或营养因素所引起。出生体重不足不仅有较高的死产及早夭的可能性（6周龄内），并且可能引起某些小猫咪变成慢性发育不良，在幼猫期内死亡。因此小猫咪应在出生时称重，并定期测量，直至小猫咪到达6周龄时。

5. 创伤　创伤所引起的生产或出生后5日内的小猫死亡，大多与难产、食子癖或母性不良有关。食子癖大多发生于神经质或高度敏感的母猫。但是，母猫将生病的新生小猫咪吃掉是相当常见的。不能将所有母猫的食子行为归罪于食子癖，这样的食子行为是为了其他健康的小猫咪，可以避免它们受到可能的疾病感染，并且可以减少无谓的照料及母乳的消耗。猫妈妈通常对于生病的新生小猫不会加以理睬及照料，甚至会将其叼出窝巢或推出笼外，这种行为很难与母性不良加以区别。

6. 新生儿溶血　一般的家猫不常发生新生儿溶血，而某些纯种的新生小猫则较为常见。猫妈妈的初乳中含有丰富的母源抗体，新生小猫的肠道只在24小时内可以吸收这些母源抗体，其中也包含某些同种抗体，血型为A型的猫咪仅具有微弱的抗B型同种抗体，而血型B型的猫咪却拥有强大的抗A型同种抗体。因此，如果血型B型的猫妈妈出生血型A型或A B型的小猫时，猫妈妈的初乳中便含有大量的抗A型同种抗体，一旦新生小猫于24小时内摄食初乳后，这些抗A型的同种抗体便被吸收至身体内，并与小猫的红血球结合而使之溶解。这种溶血的状态可发生在血管内及血管外而引起严重贫血、色蛋白尿性肾病、器官衰竭及弥漫性血管内凝血。即使是初产的血型B型猫妈妈也会引发相同的问题。

血型B型猫妈妈怀有A型或A B型胎儿时，胎儿并不会与母亲的同种抗体接触，所以新生儿溶血的临床症状多发生于摄食初乳后。小猫咪生出之后多呈现健康状态，并能正常地吸吮母乳，一旦摄食初乳之后在数小时或数日内便会出现最初的症状。在症状的表现上有相当大的差异，但是大部分的小猫咪在第一天内便会突然地死亡而没有任何的临床症状。小猫咪会在最初3日内开始拒绝吸乳，并逐渐虚弱。临床上可发现包括因严重血红素尿所引起的红褐色尿液，也可能发展成黄疸及严重贫血，并持续恶化而于一周龄内死亡。幸运存活下来的小猫有少数也会在第一周及第二周之间发生尾巴顶端的坏死。也有些小猫咪仍持续吸吮母乳，并持续成长，除了尾巴顶端的坏死之处，并无任何明显的临床症状发生，但是在实验室的检验上可发现中度的贫血。

7．传染病　传染病是小猫咪早期夭折的主要因素，特别是断奶后期（5～12周龄）的细菌感染。这段期间内小猫咪的死亡大多归因于呼吸道或胃肠道的原发性感染。小猫咪在没有任何紧迫状况下与细菌接触时，通常会表现出不显性感染或轻微感染而能自行痊愈。当环境或小猫咪本身具有不利因素时，一些疾病的感染会变得较为严重，从而使得小猫咪的早夭率提高。当细菌感染已超过小猫咪免疫系统所能抵御的程度时，便会形成新生儿败血症。影响的因素包括不适当的营养及温度控制，病毒感染，寄生虫及免疫系统的遗传或发育缺陷。通常引起败血症的细菌都是一些普通的常见菌。许多病毒性的传染病会引起新生小猫的早夭，包括：冠状病毒、细小病毒、疱疹病毒、卡里西病毒及反转录病毒（传染性腹膜炎、猫瘟、猫支气管炎、猫流行性感冒及猫白血症），临床症状依据传染的途径与时间，以及初乳母源抗体的多少而定。就算猫妈妈进行过完整的预防注射，新生小猫也可能因为未及时吸吮初乳而得不到足够的母源抗体保护。

八、如何让你的乖猫咪更漂亮

◆ 为何要给乖猫咪美容

1．健康的因素　随着社会的发展，人们生活水平的提高，宠物饲养者也越来越多，主人都想将自己的宝宝打扮得美丽可爱。从健康方面来讲，美容不仅可以保持乖猫咪的清洁卫生，维持猫咪的健康，而且在美容时，美容师还会观察到宠物的被毛有没有大量脱落，皮肤有无红肿、生疮，猫咪是否营养不良，还会检查猫咪的耳朵和眼睛是否有异常，趾甲是否长长等等。如果在猫咪美容时及时发现异常，就可早日采取措施，保障猫咪健康生长。

2．时尚的需要　除了健康理由外，宠物美容也是一种时尚潮流，美容技巧可以把您家乖猫咪的优点展现出来。也可以根据个人爱好和地区的不同，给乖猫咪做出不同造型，使您的宝贝儿更容易打理，突出它可爱的一面。乘猫咪还会因为它外表的改变而更有自信心，更让人喜欢。

◆ 乖猫咪的皮肤和毛发护理

（一）梳理

1．梳理的理由　定期梳理被毛对猫咪的健康成长是不可缺少的。猫咪在春秋两季要换毛，此时会有大量的被毛脱落。大量的脱毛会附着在室内各种物体和人身上而影响卫生和健康。毛球如果被猫咪误食还会影响猫的消化。因此，要经常给猫咪梳理被毛，这样不仅可除去脱落的被毛污垢和灰尘，防止被毛缠结，而且还可促进血液循环，增强皮肤抵抗力，解除疲劳。还可以加强主人和猫咪之间的沟通，进一步增强主人和猫咪之间的感情。梳理被毛可以早晚各1次，每次5分钟左右。使用正确的梳理工具及正确的梳理方法才能使咪咪感到舒适，并且使得被毛顺畅整洁。

2. 梳理工具　给猫咪梳理被毛时应使用专门的梳理工具。常用的梳理工具有：毛刷、弹性钢丝刷和长而疏的金属梳。毛刷只能使长毛的末端蓬松，而细茸毛（底毛）却梳不到。毛刷、弹性钢丝刷和长而疏的金属梳配合使用梳理长毛猫。金属梳子的用法是用手握住梳背，以手腕柔和摆动，横向梳理，粗目、中目、细目的梳子交替使用。刷子的用法是用手腕的力量，刷子的齿目多，梳理时一手将毛提起，刷好后再刷另一部分。

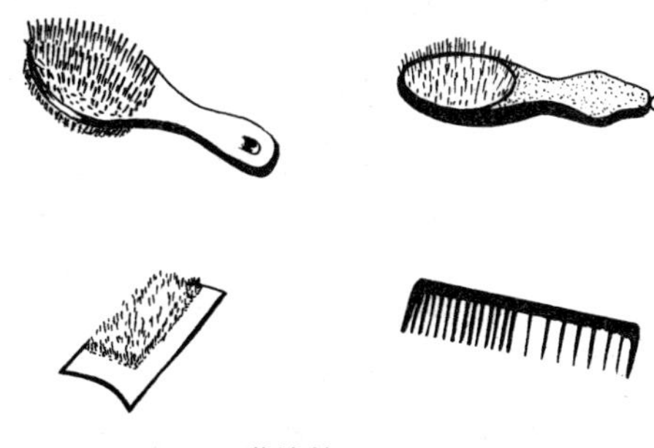

猫的梳理工具

3. 梳理方法　梳毛时动作一定要柔和细致，不能粗暴蛮干，否则猫咪会疼痛，梳理敏感部位（如外生殖器）附近的被毛时尤其要小心。给猫咪梳毛时应该按照这样的顺序进行。首先由颈部开始，自前向后，由上而下依次进行。即先从颈部到肩部，然后依次背、胸、腰、腹、后躯，再梳头部，最后是四肢和尾部，梳完一侧再梳另一侧。梳理猫咪被毛时不能用力梳拉，以免引起疼痛和将毛拔掉，在梳理被毛前，若能用热水浸湿的毛巾先擦拭猫的身体，被毛会更加发亮。

梳理被毛的同时应注意观察猫咪的皮肤。清洁的粉红色皮肤为良好，如果呈现红色或有湿疹，则有寄生虫、皮肤病、过敏等可能性。发现蚤、虱等寄生虫，应及时用细的钢丝刷刷拭或使用杀虫药物治疗。当然，最好还是及时去动物医院进行专业治疗。

（二）洗澡

1．*洗澡的间隔时间*　猫咪是喜爱清洁的动物，如果饲养的是短毛猫，主人根本没有必要帮其洗澡。因为猫的天性就是爱清洁，猫咪是完全会清理和装扮自己的。主人平时只需注意搞好家庭环境卫生即可。长毛猫如波斯猫、喜马拉雅猫之类猫，因为毛长而多，加上毛长容易藏污纳垢和生长外寄生虫以及细菌等，而且猫咪自己的清理能力有限时，就有必要定时帮其洗澡了。但洗澡的次数也不能太频繁，夏天大概相隔15天，冬天相隔一个月洗一次就足够了。

2．*洗澡用具*　给猫咪洗澡先要准备好动物专用的浴液、浴盆、浴巾、梳子、脱脂棉球、小镊子、吹风机等用具。

3．*洗澡方法*　一般来说，从小由主人养大的猫咪，而且是从小就开始定时洗澡的猫咪，帮其洗澡并不难。尤其是长毛猫都比较温顺听话，基本上对洗澡不会有多大的抗拒。但一些短毛的猫咪就比较不听话，洗澡也许要两个人的配合了。

洗澡盆水以不淹没猫咪的背部为宜，盆底最好放置一防滑胶垫，水温在38℃左右最好。把猫咪放入浴盆，先用手泼水把猫背部淋湿，放上一些宠物专用浴液，从猫咪的头后部、颈、背尾、腹部、四肢的顺序进行搓洗。注意不要漏掉猫腹和腋下等地方，脸一定不要洗。洗澡动作要迅速，尽可能在短时间内完成。注意不要让水灌入猫咪的眼内和耳朵内，以免引起猫咪的反感。可先在猫耳中塞上脱脂棉球，洗澡后再取出。猫咪的尾巴比较脏，特别是公猫，尾巴的根部排泄很多油脂分泌物，可以用牙刷蘸着浴液来刷洗。全部搓洗后再换水冲洗，也可用热水器喷淋将浴液冲干净。然后用干浴巾把猫咪身体上的水尽量擦干，擦得越干越好。也可用吹风机边梳理，边吹干。吹干过程中要注意风的温度不可太高，吹风口要与猫咪保持一定的距离，以免烫伤猫咪。如果一些猫咪害怕吹风机的声音，也可以不给它吹风。

实际上猫咪的毛不宜经常水洗，因为水洗得太频繁会导致宠物身上的天然油脂消失，使皮毛失去光泽和破坏毛质。严重的会使毛层折断、脱落。其实，维护宠物卫生还可以采取干洗的办法。猫咪的主人可自己在家中为它们进行干洗，最好使用专用的宠物干洗剂和干洗粉，按照说明进行。也可用一般护发素和小孩用的爽身粉代替。方法是先把护发素（无香味的）用清水稀释1 000倍，倒入喷壶中摇匀，距离毛面约20厘米喷匀。先用手把毛拨起喷里层毛，再喷外层毛，喷完后用发刷梳理一遍，再全身揉洒上爽身粉。注意不要洒得太多，特别是要避免洒到猫咪的眼、口、鼻等部位，最后再用较密的梳子梳理一次就行了。

乖猫咪洗完澡后，可用宠物专用的眼药水和猫用滴耳油对猫的眼睛和耳朵进行适当保养。

另外猫咪的主人应养成每天为宠物梳毛的习惯，这对长毛宠物尤其重要。而日常梳理其实就是一种干洗方法。梳理既可促进血液循环，使宠物的皮毛更加健康，又可以增进宠物与主人的接触，保持更亲密的关系。

健康的猫咪天生爱干净、漂亮，有时猫咪的毛发弄乱了它会用自己的舌头去舔拭整洁。因此洗澡以后我们还要帮助它们梳理好被毛。如果我们经验不丰富最好定期地带咪咪到动物美容院去洗澡和进行毛发护理。

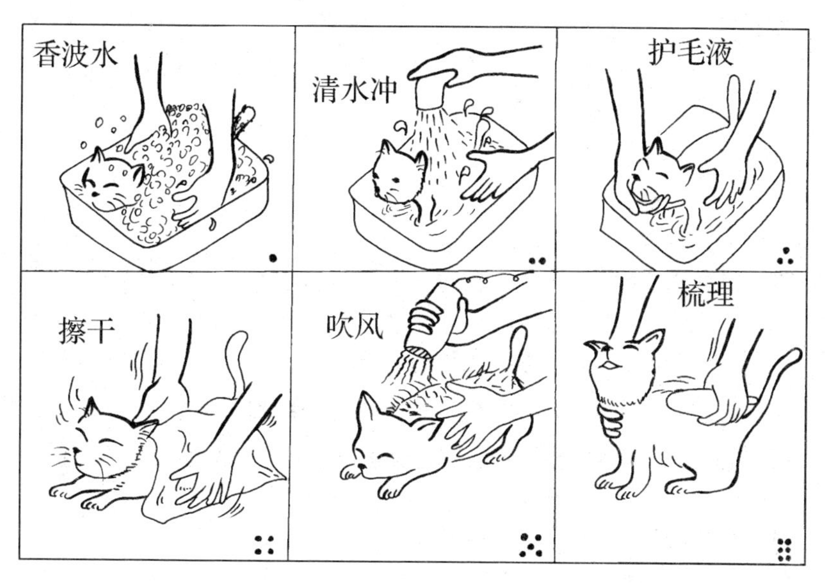

为猫咪洗澡

◆ 猫爪的护理

家猫是由野猫进化而来的，猫咪的祖先为了捕猎小动物，生就了一副利爪。即便是现在的猫咪，也喜欢捕鼠和攀爬，甚至要和其他动物打斗。所以，猫咪的爪子十分锋利。因为猫的爪子生长很快，特别是城市公寓里喂养的猫咪，缺乏运动和攀爬，很少在粗糙的地面奔跑，爪子缺少磨损，长得更快。猫爪子如果长得过长还会影响猫咪走路，也可以引起骨骼变形，走起路来姿势不美观等一些问题。甚至有些猫指甲过长就会向内弯曲，爪尖倒刺会刺伤脚上的肉垫影响猫咪行走。猫咪为了保持爪子的锋利和防止过长弯曲，就养成了磨爪的习惯。

猫磨爪实际上是自身生理调节的需要，并不是什么异常现象。家庭养猫，必须满足猫咪这种需要，应给猫准备一块供其磨爪的木柱或木板。一般来说，猫比较喜欢杉木，软硬适中，或者去宠物店买专为猫生产的猫抓板。有了这些磨爪工具，猫就不会到处乱磨爪而抓坏家里的家具了。

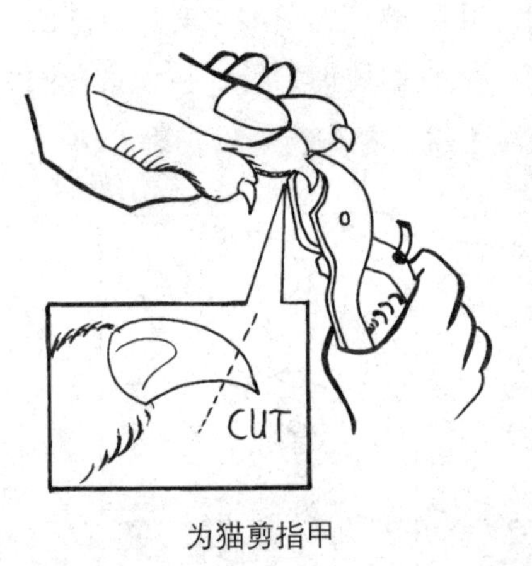

为猫剪指甲

如果猫咪的爪子得不到充分的抓磨，可造成猫爪过长，容易抓坏家具及家中的生活用品，或抓伤人。这样的话就需要主人对猫咪的趾甲进行修剪了。给猫剪趾甲看起来很简单，其实是大有文章可做的，修剪时要使用专用的指甲钳进行修剪。应注意，每一趾爪的基部均有血管神经。因此，修剪时不能剪得太多太深，以免造成出血。一般剪趾甲时只剪除趾甲的1／3左右，并应锉平整，防止造成损伤。如剪后发现猫行动异常，要仔细检查趾部，检查有无出血和破损，若有破损可涂擦碘酒。在剪趾甲的同时，还要检查脚枕有无外伤。

◆ 给猫咪洗洗脸

一般来说，猫咪是很爱清洁的动物，平时没事时都会用爪子把自己的脸清洗得干干净净。但有的品种，如波斯猫和喜马拉雅猫，由于鼻子内陷，泪腺较短，眼睛附近经常有分泌物出现，而猫本身无法清理干净，时间长了会结痂，影响猫的形象，这时就需要人来帮其洗脸了。给猫咪洗脸，最好在洗脸水里加点盐，冬天要用温水。用左手按住猫头后颈，右手拿湿毛巾轻轻擦拭猫咪眼内角和鼻梁深陷处。对于泪水，可直接用棉花团擦拭。对已经干结的眼垢，可用蘸水的棉花团轻轻擦拭。如果分泌物过多难擦，可采用硼酸溶液进行清洗。硼酸溶液一般宠物医院或药店都有，也可自制。制做办法是：将2克硼酸粉，溶解在100克的温水中，即可配成2%硼酸溶液。擦洗的时候要注意力度，不要弄痛了它们。如果是白毛猫，要小心别让硼酸溶液污染了猫咪的白毛。擦洗时猫咪如果反抗可大声呵斥它，擦洗动作要快，时间长了猫咪会因为不舒服而挣脱。每天早晚喂完猫后，最好都洗一次。

另外，在洗脸过程中，可顺便清洗一下猫的耳朵，检查耳内有无发炎或黑色、油脂状分泌物。这些症状可能是慢性耳疾的征兆。若发现异样，别忘了尽快请教兽医。

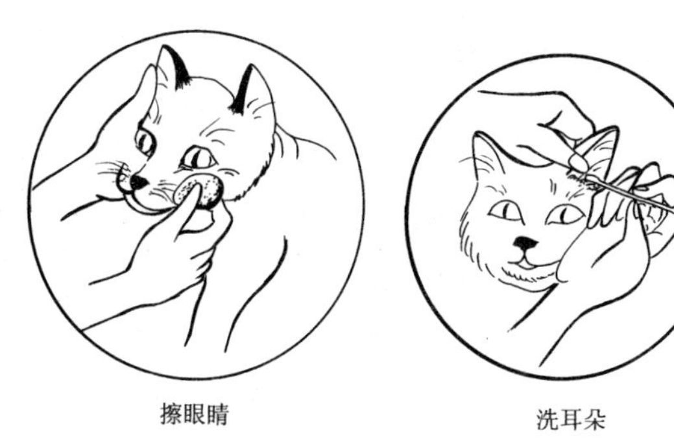

擦眼睛　　洗耳朵

为猫咪洗脸

九、乖猫咪的保健

◆ 给乖猫咪打预防针

（一）为什么要打预防针

当我们把刚断奶的小猫咪接回家时，虽然它比刚出生时长大了许多，可是现在它的身体抗病能力还是很差。外面的细菌、病毒、真菌等病原微生物很容易侵入它的体内，从而使我们乖猫咪的健康受到很大的损害。有些疾病还会传染给我们人类。所以我们必须认真做好预防工作，提高猫咪自身的免疫力。打预防针是预防传染病、提高猫咪自身免疫力的最好方法。目前，猫咪的疫苗主要是二联、三联和四联疫苗，这几种疫苗主要预防猫瘟、猫传染性鼻气管炎、猫杯状病毒病和狂犬病。这四种病也是猫咪的四大绝症。

（二）免疫程序

1．*猫瘟的免疫*　猫瘟是猫咪最主要的传染病之一，45～70日龄的幼猫或断奶后应进行首次免疫接种，2周后进行第二次免疫。为了加强免疫效果，可在猫咪4月龄时第三次免疫接种，以后每年免疫1次。4月龄以上的未免疫猫肌肉注射2次，间隔2周，免疫期为1年，以后每年注射1次。

2．狂犬病的免疫　因为狂犬病是猫咪的一种传染病，会在一定条件下传染人（如被带毒猫抓伤），死亡率很高，所以狂犬病是必须预防的人畜共患病之一。接种狂犬病疫苗，既对猫咪有益，也有利于人的健康。3个月龄以上的猫咪即可免疫注射，保护期为1年，每年应接种1次。

3．猫三联的免疫　猫三联疫苗能够预防猫瘟、猫杯状病毒感染和传染性鼻气管炎三种传染病。免疫接种方法是：2个月以上的猫咪需免疫（肌肉注射）2次，间隔2～3周；以后每年免疫注射1次。

4．猫四联的免疫　猫四联疫苗能够预防猫瘟、猫杯状病毒感染、传染性鼻气管炎和狂犬病四种病。国产疫苗免疫接种方法是：幼苗断奶后第一次注射，以后每隔2～3周连续注射2次，再往后每隔半年注射1次。未免疫成年猫每隔3周连续注射2次，以后每隔半年注射1次。

（三）注射疫苗的注意事项

1．健康检查　注射疫苗前，首先要观察猫咪的身体状况。当我们的乖猫咪身体不舒服时，如小宝贝出现不爱吃饭、呕吐、拉稀、发烧、咳嗽、不愿玩耍等非健康状态时，可能猫咪正在发病或处于传染病的潜伏期。此时主人带乖猫咪到动物医院注射疫苗，如果医生不对猫咪进行健康检查，就开始注射接种疫苗，可能会因应激反应诱发疾病或加重病情，有的甚至引起死亡。所以，兽医在给猫咪注射疫苗前，一定要进行健康检查。凡体温较高或较虚弱的猫咪，不要进行疫苗注射，等病好后或健壮后再注射，只有这样才能达到最好的免疫效果。

2．刚买的猫咪不宜马上打预防针　刚购买来的乖猫咪，尤其是刚从市场上购买来的猫咪，由于可能接触过病猫而被传染上疾病，不宜马上进行疫苗注射。因为疫苗一般为弱毒或死毒，给感染疾病的乖猫咪注射，常常导致急性发病。如果有这样的情况，可先注射预防血清。预防血清一般具有2周免疫力。两周以后，待乖猫咪身体养壮，又适应了新环境后，再进行预防注射。

3．幼龄猫咪暂不防疫　不到疫苗预防注射年龄的乖猫咪，不能进行疫苗预防注射。一般幼猫60日龄以上进行疫苗注射。小于以上日龄的乖猫咪，体内从母乳获得的抗体还没完全消失，此时注射疫苗，疫苗和抗体发生中和，使注射的疫苗失去预防作用。兽医注射疫苗，一定要根据疫苗说明书上注射日龄和免疫程序进行。

4. *注射疫苗后要多关心猫咪* 注射疫苗后不能给猫咪洗澡，并让它多喝水。同时要尽量避免让猫咪外出。个别猫咪注射完疫苗后有精神不佳、嗜睡和厌食的表现，一般在2～3天后可以自行恢复正常。如果超过3天猫咪还不能恢复，就要到宠物医院查明原因。

◆ 保护好猫咪的牙齿

（一）牙齿的保健

1. *牙齿的常见病* 宠物牙齿的毛病主要是牙龈疾病和断齿。

我们的乖猫咪很少有蛀牙，因为它的牙齿呈玉米型，同时唾液不是酸性，再加上猫食中的碳水化合物含量相当低，所以猫咪很少有蛀牙。但是请大家注意一点，若乖猫咪经常以甜食当零嘴，就有可能发生蛀牙。

较硬的饲粮和咬嚼的玩具有助于猫咪牙齿的清洁。为猫咪选取适当的咬嚼玩具，可以避免它们乱咬不适当的东西，以防造成牙齿断裂。干粮和猫饼干等含水量少的较硬食物能够与牙齿产生摩擦，协助清除猫咪牙齿上的牙斑；猪骨头或牛骨头等真正的骨头有时会被猫咪啃咬成碎块而吞入，伤害它们的肠胃，所以最好不要给它们骨头当做洁牙工具。

猫咪一旦患上牙周病，牙龈、牙齿周围的骨骼以及结缔组织受到影响，可能造成牙齿脱落。猫牙齿的毛病通常最先出现牙斑——即牙齿表面有柔软透明或乳白色的黏附物。如果不除去牙斑，唾液中的矿物质便会使牙斑转变成牙石。在牙龈下方的牙石是细菌滋生的温床，细菌滋生就会造成发炎。造成牙龈发炎的细菌会侵入猫咪的血液里，造成肺、肾、肝和心脏的毛病。所以早期清洁牙齿，可以免除许多日后的麻烦。

2. *幼猫换牙时应注意的问题* 幼猫换牙时，应仔细检查乳牙是否脱落。尚未掉落的乳牙会阻碍永久齿的正常生长，造成永久齿的歪斜，形成咬合不正，容易积聚食物残渣等现象。小型犬常有乳齿不掉的问题，但是猫咪较少发生这种情况。但是有条件的话，也应该让猫咪习惯于定期刷牙。猫咪断奶后被送到新主人处时，就可以开始要它习惯让主人检查和处理口腔。完整健康的牙齿对参赛猫更加重要，因为它是评审必需检查的项目。

3. 乖猫咪要有良好的卫生习惯　让乖猫咪养成好的卫生习惯，可以减少牙病的发生。经常刷牙，再加上定期到兽医院洗牙能使猫咪保有健康和光亮的牙齿。训练猫咪接受定期刷牙时不要急于求成。起初猫咪大多抵抗，不肯张嘴，但是有耐心的主人总是最后的赢家。开始时，我们可用自己的手指轻轻在乖猫咪的牙龈部位来回摩擦。最初只摩擦外侧的部分，等到它们习惯这项例行动作后，再张开它们的嘴，摩擦内侧的牙龈和牙齿。猫咪习惯手指的摩擦时，可在手指缠上纱布，然后摩擦它们的牙龈和牙齿。最后在纱布上加一点宠物专用牙膏，摩擦它们的牙龈和牙齿。应使用猫咪专用牙膏，不可使用人用牙膏。进行几个星期后，可开始利用宠物专用牙刷为猫咪刷牙。这种专用牙刷由合成的软毛刷制成，刷面呈波浪形，能有效清洁牙齿的各个部位。刷牙时，牙刷呈45°角，在牙龈和牙齿交会处利用划小圈的方式一次刷几颗牙；最后以垂直方式刷净牙齿和牙齿间缝隙里的牙斑；重复这些程序，直到颊内面的牙齿全部刷净为止。然后，继续刷净口腔内面的牙龈和牙齿。

每星期刷牙三次以上，才能有效保持猫咪的口腔卫生。若猫咪坚持不肯刷牙，或是它们的牙齿上已经出现褐色的牙石，或是牙龈已经发红甚至流血，那么就必须寻求兽医师的专业协助。兽医师为猫咪进行全身麻醉，然后彻底清洗猫咪的上下牙龈线，清除所有的牙斑和牙石。清洗牙齿后，再为牙齿做抛光处理，除去只有在显微镜下才能看得到的微小牙斑，同时也使牙齿变得平滑，牙斑不容易黏附。

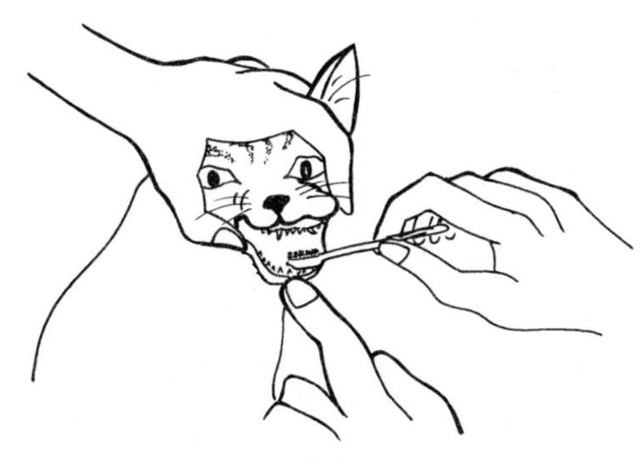

猫咪的牙齿也要经常刷洗

（二）猫咪的换牙

像人一样，猫咪也要换牙的。猫咪牙齿的生长发育也经过两个阶段，即乳齿阶段和永久齿阶段。在乳齿阶段，猫咪有26颗牙齿，到了永久齿阶段，猫咪就会有30颗牙了，多出来的是上下各2颗臼齿。

猫咪牙齿的生长以及换牙是很有规律的，通过观察猫咪的牙齿，常可大概估算出猫咪的年龄来。一般情况下，三到四周龄的猫咪长出乳犬齿（就是上下颌的各两颗尖牙）和上颌的小门牙，到出生后第五个星期，乳牙就全部长齐了。从出生后第五个月开始，猫咪开始换犬齿，这时候掰开猫咪的嘴巴，常常可以看到猫咪犬齿部分的牙龈略微发红，这就是要长新牙的征兆。再过一两周的时间，可以看到猫咪的上颌或者下颌有四颗犬齿，即同一个犬齿位置上有两颗牙，一颗略显粗大，这就是新长出来的牙了。随着新牙的生长，乳犬齿慢慢被顶松、脱落，被猫咪吐出来。如果细心观察，你可能会捡到猫咪换下来的小牙哩，保留猫咪的乳牙也可算是一种纪念吧！

猫咪四五个月龄大的时候还处于换牙阶段，可能会出现食欲不振。这时一方面要注意观察猫咪嘴巴里的牙齿生长情况，另一方面要为它提供易嚼的食物，以保护新生牙齿。

小猫出生后一年，下颚的门牙就开始磨损，七年后，犬齿就逐渐老化；第七年，下颚的门牙磨得变成圆形；十岁的猫咪，上颚的门牙就全部没有了。细心的猫主人，通过观察猫咪牙齿的变化，可以知道为猫咪准备不同的食物，以利于猫咪的健康。

◆ 乖猫咪也要做运动

有的猫咪可能是一开始就有外出的习惯，还有的猫咪是主人后来给它养成了外出的习惯，但是在城市里放养猫咪有很多不安全因素。因此，可以考虑在主人的陪伴下带猫咪到外面散步，也就是“遛猫”啦。

猫咪的瞬间爆发力很强，能跳能窜。城市里的街道、住宅小区里的汽车来来往往也很多。因此，遛猫时必须要能控制好它，不让它乱跑，否则主人很难抓到它，还可能发生交通意外。为了防止猫咪在“遛弯儿”的过程中跑丢，应该给猫咪戴上肩套带。国内没有卖专用的遛猫绳，猫主人可以选用最小号的狗用肩套带。这种肩套带从猫的两条前腿穿过而不是直接套在脖子上，对猫来说比较舒适，也比较安全。给猫佩戴肩套带时一定要注意掌握好松紧度，不能勒得太紧，也不能太松，否则猫一缩骨，就从肩套带里脱出来了。

如何让我们的乖猫咪习惯戴上肩套带呢？猫咪一开始不习惯束缚，一套上肩套带就往地上躺，并想方设法从套带里脱身。所以不要急着给它“上套”，主人先拖着肩套带在屋里走，吸引猫咪的注意力并让它追逐。当它慢慢熟悉这个玩意儿之后，把肩套和牵引带分开，只给它戴上肩套（一定要在房间里而不是户外），让它先熟悉戴肩套的感觉。如果它慢慢地不再反抗肩套，主人可以试着把牵引绳挂在肩套上，带它在房间里走走，教它慢慢习惯这种束缚。第一次带猫咪外出时，就在住处楼下或屋外比较安全的地方，不要走得太远，让猫咪习惯周围的声音和景物，并千万注意观察猫咪的反应。如果猫咪很恐惧，劝你还是放弃带猫散步的念头，不要强迫。过度强迫猫咪只会让猫咪觉得害怕，可能会在惊慌中误伤主人，还可能对猫咪的性格产生不好的影响，这可不是主人和猫咪所希望的哟。

你的猫咪表现如何取决于猫的个性，因此在使用牵引带遛猫之前要了解你的猫咪，让猫咪自己开始走，而不是主人拖着它走。经常带猫咪出门散步的一位猫友说得好：“带猫咪出门散步，最重要的不是人的快乐，而是猫咪的快乐。所以，不要强迫不喜欢出门的猫咪出门，不能把自己的快乐建立在猫咪的痛苦之上。”如果你的猫咪出门表现得很害怕，而且和主人没有建立绝对信任关系，会试图逃脱牵引带。如果是这样，就千万不要再带它出去了。

如果猫咪已经习惯戴着肩套带在户外散步，还要注意提防的就是小区里的狗！虽然大部分的狗很怕猫，但是也有的猫咪与狗能够和平相处。如果猫咪与陌生的狗亲密接触，有可能会引发一些寄生虫的传染（如跳蚤等）和其他一些猫狗共患疾病。此外还必须要注意的就是有些狗具有攻击性，可能会对猫咪造成伤害。另一方面也要注意控制猫咪不要离狗太近，猫的反应速度比狗快，突然出爪可能会伤到那些鼓眼睛矮脚狗的眼睛。

曾经有一只乖猫咪，已经习惯了戴着肩套带出门散步，小区里的狗也都很怕它，不敢近前。但是有一天，猫咪跟一只陌生的狗相遇，狗和猫的鼻子尖挨着鼻子尖闻着对方，主人也放松了警惕，以为这是友好的表示。谁知那只狗突然大叫起来，并咬住了猫咪的尾巴，把尾巴尖上的毛都咬掉了，还咬破了猫咪尾部的皮肤。主人想把猫咪抱起来，但是猫咪受到惊吓，狂抓乱咬，把主人的手咬了好几个洞，还把手抓得乱七八糟，血流不止，一会儿手背就肿成了小馒头。这一切都发生在很短的时间内，根本来不及采取什么防护措施。主人惟一感到庆幸的就是在猫咪狂抓乱咬的时候，她死命拉住猫咪的牵引带没松手，否则后果不堪设想。事情发生之后，主人和猫咪马上都去打了狂犬病疫苗。这件事带来的经验和教训就是：遛猫时不要让猫咪与别人的宠物（不论猫还是狗）太过亲密接触，一方面可以避免交叉传染某些疾病和寄生虫，另一方面可以避免发生出乎意料的流血冲突。

同时，你也要意识到你的猫咪暴露在户外，也就意味着暴露在跳蚤等寄生虫面前。猫咪会染上跳蚤和其他易感染的疾病。驱虫防虫就成为重要的问题。

◆ 饲养管理中应注意的几个问题

在日常的饲养当中，我们发现大家经常会犯点小错误而自己却一点也不知晓，现在给大家说说，以引起人们在饲养乖猫咪过程中的注意。

（一）饲喂大量肉和肝脏有害

近年来，不少人不惜花钱，为乖猫咪购买大量熟肉制品或香肠。或购买鸡猪肝脏，煮熟饲喂乖猫咪，不喂其他食品，使乖猫咪逐渐养成了除肉和肝脏外，其他食品都不吃的坏习惯。再加上市区乖猫咪多为室内饲养，很少晒太阳或户外活动，所以乖猫咪发生骨软症（成年）或佝偻病（幼年）的增多，还可引起维生素A和维生素D中毒。

乖猫咪患骨软症和佝偻病后，外表上看起来健康，但随着骨软症或佝偻病的发展，胃肠功能减弱，活动减少，粪便干。年幼猫咪严重者在腰荐处凹陷，盆腔变得狭窄，常发生便秘。成年母猫产子后，易发生产后缺钙性抽搐。

为什么单纯用肉或肝脏饲喂乖猫咪，会发生骨软症或佝偻病呢？原因是肉和肝脏中含的钙少磷多。正常乖猫咪食物中含的钙和磷比例为（0.9：1）~（1.1：1），而生瘦肉中含钙和磷的比例为（1：10）~（1：32.5），新鲜肝脏为1：36，比猫需要的正常钙和磷之比，相差太大。因此，容易发生骨软症或佝偻病。

如果乖猫咪已习惯了吃肉或肝脏，突然改喂其他食物，它们会拒食不吃。为了让乖猫咪仍然吃食，可仍然饲喂肉或肝脏，但每饲喂100克肉或肝脏，需添加0.5克碳酸钙或5克骨粉，并不断改变其吃肉或肝脏的坏习惯。改变的方法是：在10天时间，逐渐增加新的食品用量。同时，减少肉和肝脏用量，直至完全饲喂新的食品。

（二）长期用肝脏加胡萝卜喂乖猫咪是错误的

不少乖猫咪的主人长期只饲喂乖猫咪肝脏加切碎的胡萝卜。还有个别主人认为，肝脏加切碎的胡萝卜是乖猫咪最好的食物。我们知道，肝脏含有大量维生素A和维生素D，胡萝卜里含有大量β—胡萝卜素，1个β—胡萝卜素分子能在体内分解成2个维生素A分子，这样用肝脏加胡萝卜喂，更容易引起维生素A中毒。哺乳动物中只有猫，不能把吃入的β—胡萝卜素转变为维生素A。因此，用胡萝卜饲喂猫是可以的，但只用肝脏加胡萝卜饲喂猫咪是错误的。

（三）用成年人洗发香波给乖猫咪洗澡不好

如果用成年人洗发香波给乖猫咪洗澡，而且洗澡次数又多。这样的乖猫咪，尤其是白色乖猫咪，被毛洗得脱落，皮肤变成了粉红色。成人洗发香波碱性大，能把乖猫咪皮肤上油质洗脱得非常干净。大家知道，皮肤上的皮脂腺分泌油脂，可以保护皮肤，防止干裂。如果把油脂洗去，使皮肤抵抗力降低，就容易感染细菌性、真菌性或疥螨性皮肤病。给乖猫咪洗澡，最好用乖猫咪洗澡香波。如果买不到，可用婴儿洗澡香波，或用中性香皂和肥皂。

多长时间给乖猫咪洗一次澡最好呢？一般乖猫咪脏了或有了异常气味时，就应洗澡。幼龄猫咪注射疫苗后2周，才能洗澡。夏天洗澡次数可多些，每2～4周，甚至每周可洗澡1次。平时有些脏时，用手巾蘸些水擦一下就行了。洗澡时严禁把水灌入耳内，以防发生内耳炎。

（四）猫咪用人用避孕药易得肿瘤

以前有文献报道，猫咪用人用避孕药避孕容易诱发子宫感染。我们在临床上见到，猫用人用避孕药避孕，能引起子宫癌和乳腺癌，其机理不明。要想猫咪不生育，最好公猫去势，母猫摘除卵巢。

十、猫病预防与治疗

◆ 猫咪的常见传染病

（一）细菌性传染病

1．沙门氏菌病　沙门氏菌病又称副伤寒，是沙门氏菌属细菌引起人和动物共患疾病的总称。猫沙门氏菌病，主要是由鼠伤寒沙门氏杆菌所致，临诊上主要以肠炎和败血症为特征，以幼龄猫为主，成年猫多为隐性感染，怀孕的猫会因此而流产。

（1）症状。根据患猫不同年龄、营养状况、免疫状态和细菌感染数量等因素而表现出以下几种类型：①胃肠炎型：潜伏期3～5天。猫咪患病初期表现出体温上升至40～41.1℃，精神沉郁，食欲废绝，呕吐、腹泻，排水样粪便，后为带血的粪便。病后几天内体重减轻，严重脱水。黏膜苍白，行走无力，常因休克死亡。少数病例可引起肺炎，出现咳嗽，呼吸困难及鼻出血。②菌血症与毒血症型：主要见于幼龄猫。患病的猫咪表现为体温下降，全身虚弱明显、昏迷卧地，微循环发生障碍，毛细血管充盈不良。可发生转移性感染，侵害某个器官，潜伏期往往较长。猫的沙门氏菌病死亡率10%左右，并可明显影响猫咪的生长发育。

（2）诊断。根据以上症状，一般只能做出初步诊断，最后确诊还须到动物医院依靠实验室检验。

（3）防治。①抗菌消炎：如果患猫呕吐不太严重，可经口给药。卡那霉素5万单位／千克体重，肌肉注射，2次／日。庆大霉素1万单位／千克体重，肌肉注射，2次／日。②对症治疗：有肠道出血的猫可肌肉注射止血敏2毫升，每日3次，或用维生素K 32～4毫升／千克体重，肌肉注射。③辅助疗法：对不食、脱水、酸中毒的患猫可用25%葡萄糖注射液10毫升、5%碳酸氢钠注射液5毫升、复方盐水40毫升，静脉或腹腔注射。心脏功能减退者，可肌肉注射0.5%强尔心，剂量为0.5～2毫升。④预防：严格控制副伤寒病猫和带菌猫与健康猫接触。有病猫生活过的环境及用具，需用2%～3%烧碱溶液彻底消毒。应饲喂煮熟的食物。消灭传播者（如苍蝇、老鼠），经常给猫舍及其用品消毒。

2．猫大肠杆菌病　猫大肠杆菌病是新生猫的一种急性肠道传染病，一年四季均可发生，主要表现为腹泻和败血症。大肠杆菌病主要侵害出生一周之内的幼猫，主要通过消化道感染。健康猫的肠道内含有一定数量的大肠杆菌，其中有些致病性的大肠杆菌在奶水不足、天气骤变、所处环境卫生条件差等外界因素综合影响下，就会产生肠毒素和内毒素，毒素的多少与发病多少、症状轻重有关。

（1）症状。最明显的症状就是剧烈腹泻。排黄绿色、绿色或灰黄色混有小气泡、乳凝块并带腥臭的水样粪便，几分钟即拉稀一次，后躯及尾巴沾满污粪。精神沉郁、停止吮乳，后期出现严重脱水、消瘦、双眼下陷、体温降低，昏迷而死。

（2）诊断。根据临床症状和发病年龄及腹泻特点，可做出初步判断，实验室检查内容主要是细菌培养和血清型鉴定，并筛选出敏感药物。

（3）防治。①猫咪在分娩前，对产房和猫咪自身进行彻底全面的消毒，保证幼猫有一个安全的生存空间。②对病猫用抗菌消炎药治疗和相应的对症治疗。可口服对大肠杆菌敏感的抗菌消炎药，一般磺胺类、沙星类等药物都有一定效果，腹泻脱水严重的还要进行补液和止泻。

3．肉毒梭菌中毒症　肉毒梭菌中毒症是由于猫咪食入了腐败变质的、含有肉毒梭菌毒素的肉类食物而发生的一种中毒性疾病。临床上以出现运动中枢神经麻痹和延脑麻痹为特征，死亡率很高。

（1）流行病学。食肉类的动物均可发生，主要是因为食入腐尸（死老鼠）及被腐败物污染的食物、不新鲜的生肉引起的。猫食入肉毒梭菌后，造成毒素吸收，引起中毒症状。一年四季均可发生，一般夏季炎热、潮湿、食物易腐败季节发病率较高。

（2）症状。潜伏期较长，一般为2～12天，最短的6小时。表现症状与食入的有毒物质的量成正比，食入的越多，发病越早，症状越重。其特点是：神经症状突出，没有胃肠症状或很轻微。发病一般由后躯向前躯进行性发展，对称性麻痹，肌肉紧张度降低，反射机能降低，然后引起瘫痪，但尾巴可摇动。随着病情发展，出现吞咽困难、瞳孔散大、视觉障碍。严重者可见呼吸困难、心率快，全身散软、倒地休克，最终因呼吸麻痹死亡。剖检可见胃肠道、心外膜、喉有大量出血点，肺充血肿胀。

（3）诊断　根据临床症状、所食食物可初步判断本病。要想确诊，必须在病猫食物和胃肠道、排泄物中检查有无毒素。

（4）防治　早期应用抗毒素治疗效果较好。肉毒梭菌多价抗毒素3～5毫升肌肉或静脉注射。对症治疗：口服泻剂、洗胃、灌肠、补糖补液。同时结合抗生素疗法。预防本病应尽量设法不让猫咪进食腐败变质的食物，不喂未熟透食物。

4．结核病　结核病是由结核分枝杆菌引起的人、畜和禽类共患的慢性传染性疾病。偶尔也可能出现急性型，病程发展很快。其特征是在机体内多种组织和器官形成肉芽肿和干酪样或钙化病灶。

（1）病原。结核分枝杆菌主要有三型，即人型、牛型和禽型。猫对人型或牛型结核分枝杆菌易感。偶尔也可见到感染禽型结核杆菌。结核菌为细长杆菌，形态稍弯曲，长1～4微米，宽0.5微米，常有分枝倾向，具有抗酸脱色的性质。结核分枝杆菌的抵抗力较强，对高温的抵抗力弱。60℃30分钟即可将其杀死。常用消毒药需经4小时才可将其杀死。70%酒精、10%漂白粉溶液、次氯酸钠等均有可靠的消毒效果。一般认为患病家畜、猫和患病人为猫感染的主要传染源，主要通过呼吸道和消化道感染。结核病患者（畜、猫）可通过痰液、咳嗽形成的飞沫散发大量结核杆菌，到目前为止，尚未见到由猫结核病传染给人的报道。

（2）症状。猫结核病多为亚临床感染，只是表现逐渐消瘦，体躯衰弱，易疲劳、咳嗽。肠结核时，出现反复腹泻，食欲明显降低，淋巴结核则以浅表淋巴结肿大为特征。肠系膜淋巴结发生结核肿大明显时，有时在腹部体表就能触摸到，可严重影响消化吸收、贫血。患骨结核时可见跛行及自发性骨折。结核病灶蔓延至胸膜和心包膜时，可引起胸膜、心包膜渗出增多，临床表现为呼吸困难、发绀、右心衰竭。猫的肝、脾等脏器和皮肤也常见结节及溃疡。

（3）诊断。①根据临床症状和流行病学做出初步判断。②结核菌素试验。于可疑病猫大腿内侧或肩胛上部皮内注射结核菌素0.1毫升，经48～72小时后，在注射部位可发生明显肿胀，其中央常发生坏死（阳性反应），即可确诊。③血清学检验。④X光透视检查。

（4）防治。发现开放性结核病猫应立即淘汰。结核菌素试验阳性猫，除少数名贵品种外，也应及时淘汰，需要治疗的猫，应在隔离条件下，应用抗结核药物治疗，抗结核药物有异烟肼（H）、利福平（R）、吡嗪酰胺（Z）、乙胺丁醇（E）和链霉素（S），在强化期几乎全部被采用，而在继续期则选择其中的2～3种药物。全程不间断地服药，以提高治愈率。对猫舍及猫经常活动的地方要进行严格的消毒。严禁结核病人饲喂和管理猫。不用未消毒牛奶及生杂碎喂猫。

5. 破伤风　破伤风又名强直症，俗称锁口风，是由破伤风梭菌经伤口感染引起的一种急性、中毒性传染病。人和所有的哺乳动物都易感染，但猫的易感性较其他动物低，患破伤风并不多见，而病死率却很高。

（1）病因。破伤风梭菌广泛存在于粪便、土壤及淤泥中，生锈的铁丝及其他金属锈蚀物表面也极易带菌。自然感染有由于创伤接触破伤风梭菌芽孢的物质而引起。但并非所有伤口均可感染，必须具备一定条件，才能引起发病。此病是一种由伤口感染后产生的中毒性疾病，不能由病猫直接传染给健康猫。

（2）症状。病菌的潜伏期不完全一致，与其感染的性质、部位、强度和适应性反应有关。一般为5～10天，长的可达3周。此病多为急性。最初，病猫表现局部肌肉持续性痉挛，随即转为全身性强直。步态僵硬，尾巴上举，呈典型的角弓反张姿势。瞳孔散大，第3眼睑明显外露，几乎掩盖眼球。对触摸、强光和噪音等外界刺激极度敏感，反射性增强，病猫出现惊恐不安，牙关紧闭，咀嚼和吞咽发生困难，流涎，呼吸困难。最后，病猫多死于窒息。

（3）治疗。消除病菌：对创伤应立即进行清创、扩创处理。用3%双氧水或1%高锰酸钾液清洗、消毒，再撒布碘仿硼酸合剂，创口周围用青霉素（4万单位／千克体重）、链霉素（20毫克／千克体重）分点注射。

中和毒素：猫发病初期，用破伤风抗毒素血清治疗，疗效很好。首次静脉注射或肌肉注射10万～20万单位，5日后再注射10万单位。必须注意静脉注射“破抗”，可能会发生过敏反应。为了防止过敏发生，可先注射糖皮质激素。

对症疗法——镇静和解痉：可选用氯丙嗪（1～5毫克／千克体重，肌肉注射，每日2次）、静松灵（0.5～1毫克／千克体重，肌肉注射，每日2次）和25%硫酸镁液2～4毫升静脉注射。

辅助疗法：首先，为缓解酸中毒，可静脉注射生理盐水100～300毫升，内加入5%碳酸氢钠液10～20毫升，每日1～2次。对不能饮食的病猫，静脉注射5%葡萄糖生理盐水，每次100～500毫升，每日2次。如有肺炎并发者，及时选用头孢唑啉钠或头孢拉定等，每次0.25～0.5克，每日4次。

加强护理：合理调整饮食，给予牛奶、肉汤等流质食品，以增加营养，提高抗病能力，促进早日康复。为防止猫患此病，应定期预防注射，避免受伤，防止外伤感染。

（二）病毒性传染病

1．猫泛白细胞减少症　猫泛白细胞减少症又称猫瘟热或猫传染性肠炎。是由猫瘟热病毒引起的猫及猫科动物的一种急性高度接触性的病毒性传染病。可发生于猫类、浣熊类和貂类身上，它是猫咪最重要的传染病。我国大部分地区都有该病发生。发病率100%，死亡率约90%。

（1）病原。猫泛白细胞减少症病毒属于细小病毒科、细小病毒属，是一种单股DNA病毒，该病毒对酸、碱、乙醚、氯仿、高温有一定的耐受力。0.5%的甲醛和次氯酸能有效地将其杀灭。它在环境中非常稳定，在室温下可生存好几年。猫泛白细胞减少症病毒只有一个血清型，所以使用疫苗可以获得长期有效的免疫力。

（2）流行病学。本病冬末至春季多发，各种年龄的猫咪均可感染，病猫和病愈后的带毒猫是本病的传染源。猫感染猫泛白细胞减少症病毒早期，病毒就可随粪、尿、唾液和呕吐物排出体外。在急性期，蚤类和各种吸血昆虫也能传播病毒。在康复一年的猫咪的排泄物中，有的仍能化验到病毒。在自然情况下，本病主要通过直接接触或消化道传染。多数情况下1岁以下的幼猫较易感。尤其对于未注射疫苗的小猫咪来说，猫泛白细胞减少症通常是致命的。猫泛白细胞减少症病毒还可由猫妈妈传染给它的子宫里正在发育着的小猫。

（3）症状。根据临床症状可分为三个类型，最急性型、急性型和亚急性型。

最急性型和急性型　猫咪常突然死亡，无明显症状。而亚急性型症状较典型，许多成年猫感染猫泛白细胞减少症病毒后开始并不表现出任何症状。然而，对于未注射疫苗的幼猫来说，这是非常危险的病。疾病发作时表现得十分突然，猫的体温上升到40℃以上，持续24小时左右后下降至正常体温，经过2～4天后又可上升（双相热型）。病猫精神沉郁、厌食，排血便，顽固性呕吐，3～4天后出现腹泻，导致机体严重脱水。严重脱水使猫的体温低于正常值，变得十分虚弱，甚至整日昏睡。感染了猫泛白细胞减少症病毒的猫非常容易受到继发细菌的感染。表现出这些症状以后，猫咪如果能存活五天以上，一般说来就能够活下来。

猫泛白细胞减少症和自身的抵抗力有关，特别是在营养不良，体弱及绝育手术后易感。怀孕母猫如果感染猫泛白细胞减少症病毒则可能引起流产或产下死胎。妊娠母猫是通过胎盘垂直传播给胎儿的。出生前感染病毒的小猫，由于小脑损伤会出现步态不稳，不协调并且伴随着颤抖。

（4）病理变化。主要病变为小肠黏膜水肿、回肠有明显的出血性肠炎，肠系膜淋巴结出血肿胀。长骨的红骨髓呈多脂样和胶冻样变化，多种细胞有核内包涵体。肝肾等实质器官淤血变性，脾脏出血，肺充血、出血、水肿。

（5）治疗。①特异性疗法：皮下注射猫瘟热高免血清，剂量为2毫克/千克体重。②对症治疗：止吐、止泻、控制继发感染、输液（补充营养、液体）。

（6）预防。①要对猫咪定期进行健康检查。②定期注射疫苗进行免疫，这是目前预防猫泛白细胞减少症最有效的方法。③患猫泛白细胞减少症的猫咪接触过的环境被认为是已经被病毒污染，可用1：32的漂白粉溶液、双链季铵盐类等消毒药对环境和器具进行消毒。

2. 猫病毒性鼻气管炎　猫病毒性鼻气管炎又称为传染性鼻气管炎，是由猫疱疹病毒Ⅰ型病毒引起的猫的一种急性、高度接触性上呼吸道传染病，主要侵害子猫，发病率可达100%，死亡率约为50%，猫疱疹病毒Ⅰ型病毒目前只有一个血清型，尚无治疗本病的有效药。

（1）病原。猫病毒性鼻气管炎Ⅰ型属疱疹病毒科。该病毒对外界环境抵抗力较弱，对酸、乙醚和氯仿等脂溶剂敏感，甲醛和酚易杀灭。在−60℃条件下可存活180天，50℃4～5分钟灭活，干燥条件下12小时内可灭活。该病毒可吸附和凝集猫的红细胞，可以采用红细胞凝集试验及红细胞凝集抑制试验来检测抗原抗体，为临床诊断提供依据。

（2）流行病学。在自然条件下，猫病毒性鼻气管炎一般都经呼吸道和消化道感染，以接触或飞沫传染为主。自然感染耐受过的猫咪，可长期带毒、排毒而不发病，成为未免疫该病猫咪的隐形杀手。怀孕母猫若感染此病，则病毒会经胎盘感染胎儿，甚至造成流产。猫病毒性鼻气管炎目前公认为只有家猫携带该病毒，该病毒也有可能引起其他猫科动物感染，对人和其他动物不具有感染性。

（3）症状。本病传播迅速，常突然发病，潜伏期2～6天。有的病例有较明显的发热性全身性症状，病猫体温升高，达40℃左右，精神沉郁，食欲减少，体重减轻等全身症状明显；有的主要表现呼吸道症状和结膜炎。病猫频频出现咳嗽、浆液性眼分泌物及鼻分泌物，有黏液性眼屎。被毛粗刚，因口炎、溃疡性舌炎而流涎，口臭，继发的细菌感染使分泌物成黏液脓样。久病之后即转为慢性病程，出现慢性鼻窦炎，溃疡性角膜炎，甚至出现生殖器官病变；急性重症病猫主要表现鼻炎、结膜炎、支气管炎等症状，多数病猫（尤其是子猫）常无明显症状，突然死亡。急性病程10～14天，成年猫咪死亡率低，耐过一周后的病猫逐渐痊愈，部分病猫转为慢性。

（4）病理变化。猫病毒性鼻气管炎病程初期，患猫鼻腔、鼻甲骨黏膜、喉头、气管充血肿胀，随着病情的发展，患猫鼻腔、鼻甲骨黏膜坏死，眼结膜、扁桃腺、会厌软骨、喉头、气管、支气管等部分黏膜发生局灶性坏死，坏死上皮细胞内可在显微镜下发现嗜酸性核内包涵体，随着病情继续发展，免疫力的下降，患猫可继发细菌感染。

（5）诊断。根据临床症状，可初步诊断该病，但要确诊猫病毒性鼻气管炎，必须依靠实验室检验，分离并且鉴定病毒后方可确诊。该病与猫泛白细胞减少症、猫杯状病毒感染和猫衣原体肺炎症状极为相似，要注意区分。

（6）治疗。没有治疗猫病毒性鼻气管炎病毒的有效药物，目前大多采用对症治疗。①用广谱抗生素静脉滴注，防止细菌继发感染。②结膜炎可用封闭疗法：先锋霉素0.1毫克／千克体重、地塞米松0.5毫克／千克体重、2%普鲁卡因0.15毫克／千克体重混合，结膜下封闭，1次／日。也可用氯霉素眼药水、可的松眼药水交替点眼，3～5次／日。③口腔溃疡可用碘甘油涂布口腔，口服多种维生素。④脱水不食的猫可静脉补糖补液。

（7）预防。新生幼猫通常从猫妈妈的乳汁得到抗体而获保护，所以母猫应在生产前先做疫苗免疫。子猫断奶后连续注射3次猫三联或猫四联疫苗，每次间隔2～3周。

3．猫杯状病毒感染　猫杯状病毒感染也称猫传染性鼻结膜炎。本病是猫病毒性上呼吸道病的一种，主要表现为上呼吸道症状，即精神沉郁，浆液性和黏液性鼻漏，结膜炎、口腔炎、气管炎和支气管炎，伴有双相热。杯状病毒感染是猫的多发病，感染率高但死亡率不一，最高可达30%。15周龄至6月龄之幼猫若感染此病，则会呈现病毒性肺炎，常因呼吸困难而死亡。

（1）病原。猫杯状病毒属于杯状病毒科的小RNA病毒。病毒的核酸芯由单链RNA构成，只有一个血清型，可在猫的肾细胞、舌细胞、胸腺细胞及猫胎肺细胞上生长。该病毒对乙醚、氯仿具有抵抗力；但对酸性环境（pH值≤3）敏感。加热50℃30分钟可使病毒灭绝。

（2）流行病学。在自然条件下，猫科动物对此病毒较为易感，虎、豹也能感染发病。常发生于8～12周龄的猫。病猫和带毒猫是本病主要传染源。患猫在急性期可随分泌物和排泄物排出大量病毒，直接传染易感猫。带毒猫如不继发其他病毒（传染性鼻气管炎病毒）、细菌性感染，大多数经治疗或自身耐过而症状消失，但可长期带毒排毒，是最危险最重要的传染源。

（3）症状。猫感染病毒后的潜伏期为2～3天。临床症状困感染病毒毒力的强弱而不同，初期发热至39.5～40.5℃。病初精神不振、食欲不佳、流涎、打喷嚏、流泪、鼻腔流出浆液性分泌物。随后，口腔出现溃疡，溃疡面分布于舌和硬腭部，尤其是腭中裂部最常见。口腔溃疡是最常出现和具有特征性的症状，有时是惟一的症状。有时鼻腔黏膜也出现大小不等的溃疡面。病毒毒力较强时，可发生肺炎，呼吸困难，肺部有干性或湿性罗音。有些病毒感染仅出现肌肉疼痛和角膜炎，见不到呼吸道症状。猫感染杯状病毒后，大多数耐过7～10天后临床症状消失，但却成为重要的传染源。

（4）病理变化。主要症状表现为口腔溃疡、呼吸道和眼结膜炎病变。

（5）诊断。由于许多猫传染病症状相似，诊断比较困难，临床上主要以舌、腭部的溃疡判断。开始形成水泡，水泡破后成为溃疡，以及结膜炎、角膜炎、肺炎进行综合诊断。要想确诊本病，必须进行实验室检查，刮取病理组织物荧光抗体染色，检测抗原的存在。

（6）防治。无特异性疗法。可应用广谱抗生素防止继发感染和对症治疗。口腔溃疡严重时，可用冰硼散，也可用棉笺涂搽碘甘油或龙胆紫。出现结膜炎的病猫可用5%的硼酸溶液洗眼后，再用马琳哌眼药水和氯霉素眼药水交叉滴眼。平时可注射疫苗进行预防免疫。

4．猫传染性腹膜炎　该病由猫传染性腹膜炎病毒引起，以腹膜炎，大量腹水积聚为主要特征。猫传染性腹膜炎并不是腹膜发炎，它是一种脉管炎，其临床病症是由于血管损伤所引起。

（1）病原。猫传染性腹膜炎病毒为冠状病毒，病毒能在活体内连续传代增殖，亦可在猫肺细胞、腹水等组织中培养。病毒对环境抵抗力差，56℃10分钟可消除其感染性；乙醚、氯仿或紫外线处理，均可使其灭活。

（2）流行病学。猫传染性腹膜炎病毒是感染性很强的病毒，不同品种、年龄、性别的猫接触后均可感染。但老龄猫和2岁以内的猫发病率较高。本病不感染其他动物。本病以消化道感染为主，也可经媒介传播和垂直传播。昆虫是主要的传播媒介。病毒主要在粪便中排出，唾液中很少，未证明在眼泪和尿中有病毒排出。传染源主要是受感染的猫粪便，与受感染的猫咪同窝也可感染。本病不能通过胎盘传播给胎儿。

（3）症状。猫传染性腹膜炎一般症状为：食欲减退，周身无力，体温升高至39.7～41.1℃，血检白细胞增多。根据有无腹水可分为：①渗出型，一般发生在疾病流行初期，其特点是因腹水滞留而腹部明显隆起。病猫食欲减退，体重减轻，日渐消瘦衰弱。经1～6周后，腹水大量积聚，腹部膨大下垂，可迅速死亡。母猫常被误认为妊娠。②干燥型，病猫不出现腹水，而以眼病为主，虹膜改变颜色，部分为棕色。约有12%干燥型患猫可发生神经症状；常见肌肉强直和共济失调，头部震颤、痉挛，眼睛横飘，不集中。后期发生不全麻痹或全麻痹。公猫可出现睾丸周围炎或副睾炎。此型病例多在五周内死亡。

（4）病理变化。渗出型主要是腹水增多，呈无色透明、淡黄色液体，接触空气后凝固。腹膜有纤维素增生，肝、脾、肾表面也有纤维蛋白附着。干燥型病例除眼部病变外，也可见到脑水肿、肝脏有坏死灶和肾脏肉芽肿。

（5）诊断。根据临床症状及剖检变化，可做出初步诊断。确诊则必须依靠血清学检验和病毒分离。

（6）防治。目前尚无特效疗法。在早期或症状较轻时，可试用糖皮质激素和强的松配合环磷酰胺或苯基丙氨酸氮芥使用，但效果不太理想。一旦出现发病，大多预后不良。目前生产的猫冠状毒病疫苗保护率为50%～75%。

平时应注意消灭吸血昆虫（如虱、蚊、蝇等）及老鼠，防止病毒传播。隔离病猫和带毒猫，杜绝健康猫与之接触。

5．猫狂犬病　狂犬病又称疯狗病，这是猫和其他动物以及人类共患的一种急性接触性、自然疫源性的传染病。以狂躁不安、意识紊乱，继之局部或全身麻痹而死亡为主要特征。近年来证明，一些外表健康的猫，其唾液内却带有狂犬病病毒，因此在防疫上应引起充分注意。在我国，犬、猫是主要传染源。本病多数是通过感染动物咬伤所致；被带毒猫舐、啃、吻或污染物接触破损的皮肤、黏膜时，也可发生感染。

（1）病原。狂犬病病毒属核糖核酸型弹状病毒。狂犬病毒具有两种主要抗原。一种为病毒外膜上的糖蛋白抗原，能与乙酰胆碱受体结合使病毒具有神经毒性，并使体内产生中和抗体及血凝抑制抗体。中和抗体具有保护作用。另一种为内层的核蛋白抗原，可使体内产生补体结合抗体和沉淀素，无保护作用。病毒粒子在电子显微镜下观察呈试管形或子弹形。从病猫体内所分离的病毒，称自然病毒或街毒。其特点是毒力强，但经过多次试验动物继代培养后，毒力降低，即可制作疫苗。病毒主要存在于猫的唾液腺、唾液和中枢神经细胞内。狂犬病毒易被紫外线、甲醛、50%～70%乙醇、升汞和季胺类化合物（新洁尔灭）等灭活。其悬液经56℃30～60分钟或100℃2分钟即失去活力，对酚有高度抵抗力。在冰冻干燥下可保存数年。

（2）流行病学。狂犬病在世界很多国家均有发生。我国解放后由于采取各种预防措施，发病率明显下降。近年来因为喂养猫狗的逐渐增多，所以发病率有上升的趋势。人狂犬病由病犬传播者约占80%～90%。其次为猫和狼，因此宝贝狗和乖猫咪已成为人畜狂犬病的主要传染源。主要传播途径是被患病动物咬伤而感染。近年来研究证明，本病也可通过呼吸道或消化道感染。少数也可由外观健康但带毒的犬或猫接触健康犬、猫伤口或与猫共睡一个窝中而感染。狂犬病发病无季节性，一般温暖季节发病较多。

（3）发病机理。狂犬病病毒对神经组织有很强的亲和力。发病机理分为三个阶段：①局部组织内小量繁殖期。病毒自咬伤部位入侵后，在伤口附近横纹细胞内缓慢繁殖，4～6日内侵入周围神经，此时病人无任何自觉症状。②从周围神经侵入中枢神经期。病毒继续繁殖，并按离心方向由中枢神经向外周扩散，抵达唾液腺，进入唾液，同时病毒损害神经元细胞和血管壁，引起血管周围细胞的浸润。神经细胞受刺激首先引起兴奋，然后因麻痹而引起呼吸系统衰竭而死亡。

（4）症状。狂犬病潜伏期一般为15～50日，长的可达数月，甚至数年。病猫的行动反常，喜躲藏在阴暗处，不听呼唤。即使主人呼唤，也无反应，甚至攻击主人。病猫出现异嗜，见到任何物体，都要咬食。病猫狂暴不安，乱跳乱咬，最后终因麻痹而死亡。根据症状可分为以下几种类型。①麻痹型（或称沉郁型）：病猫一般兴奋期很短，随后共济失调、麻痹。病初，由于咽喉和咬肌麻痹，病猫流涎，采食和吞咽困难，下颌下垂，随后麻痹发展到全身，最终昏迷而死。②狂暴型：病猫先出现敏感、警觉，然后出现乱咬，或稍受刺激就高度兴奋，疯狂攻击。有的咬齿或自抓，发出嘶哑叫声。多数在出现明显症状后2～4日死亡。

（5）诊断。如果病猫出现典型狂犬病的症状，结合病猫接触史和病史可以做出初步判断。如果确诊需进行实验室检查。常用的实验室诊断包括：病理组织学检查、荧光抗体法和动物接种法。

（6）防治。在狂犬病流行区，应坚持对猫每年进行预防注射狂犬病疫苗。如果发现病猫不必抢救，一律扑杀、焚烧、深埋。如果猫咪被咬伤，为防止发生狂犬病，要对被咬伤的猫咪隔离观察，防止其咬伤人和其他动物。如其也开始咬人，则应尽快对可疑病猫扑杀。处理病猫伤口先让伤口流出部分血液，以减少病毒吸收，再用肥皂水充分冲洗，并用3%碘酒处理创口；如有症状可根据病情，对症治疗，如镇静、抗痉药物及氢化可的松等激素。被咬伤的猫，应同时注射抗狂犬病免疫血清，于伤口周围分点注射。免疫血清应在被咬后72小时内注射完毕。一旦发现狂犬病症状立即扑杀。

6．猫白血病　猫白血病是几个不同类型的恶性肿瘤性疾病的总称，是由猫白血病病毒和猫肉瘤病毒引起的一种恶性淋巴瘤传染病，又称猫白血病肉瘤复合症。在猫所有的传染病中，此病毒是传染性最高的一种。即使是与患猫接触一次也可感染此病，其中对猫危害最严重的是猫的恶性淋巴瘤，其次为成红细胞性或成髓细胞性白血病。其表现为淋巴细胞和嗜中性白细胞减少及骨髓红细胞发育障碍性贫血，并伴随胸腺萎缩。

（1）病原。猫白血病病毒和猫肉瘤病毒属于反转录病毒科。猫肉瘤病毒是免疫缺陷病毒，其只有在猫白血病病毒的协助下，才能在细胞中复制。猫白血病病毒可分为A、B、C三个血清型，遗传信息在核糖核酸上，能够独立完成复制过程。本病毒对热、干燥及消毒剂较敏感，对脱氧胆酸盐和乙醚敏感，0.5%酚和福尔马林等常用消毒剂有效，对紫外线有一定抵抗力。

（2）流行病学。本病毒只感染猫，无品种和性别差异，幼猫比成年猫更易感。其传播有两种途径，一种是垂直传播，即病母猫可通过子宫将病毒传给胎儿或经病母猫的乳传播给小猫。另一种通过污染物如食盆等间接传播。此外，吸血昆虫如猫蚤等，也可能成为传播媒介。病猫的唾液和尿内含有大量病毒，尤其唾液内含毒量更高，乳汁和鼻分泌物中也含有病毒。排出体外的病毒在潮湿的环境中可存活三天之久。因此病猫是最重要的传染源。污染的猫舍、食物及其周边环境，也是重要的传染源。本病主要发生在四月龄以内的子猫，随着年龄的增长其易感性降低。

（3）症状。潜伏期约2个月，病猫通常呈现贫血、嗜睡、食欲减少和消瘦等症状，消化型的病猫多见，外观无明显的症状，但腹部触诊可触摸到肿块。胸腺型病猫，肿瘤压迫食道、气管和肺。常导致呼吸困难、吞咽困难、胸腔积液等症状。非特异性的慢性消耗性消瘦、贫血、嗜睡、食欲不振，有的有咳嗽、呕吐等症状。

（4）病理变化。病死猫尸检时，在相应脏器上可见到肿瘤。肝、脾和淋巴结肿大；肠系膜淋巴结、淋巴集结、胃肠道壁及肝、脾和肾有淋巴瘤浸润；肿瘤组织代替胸腺，甚至在整个胸腔充满肿瘤。组织学检查可见大量淋巴细胞，并具有T细胞或B细胞的特征，细胞内常有类核体。淋巴结肿瘤中有大量含核仁的淋巴细胞。胸腺受害时，在胸水中出现大量未成熟的淋巴细胞。骨髓外周血液受害时，能见到大量成淋巴细胞浸润。

（5）诊断。根据病猫临床症状及流行范围，可初步诊断。要想确诊，必须分离出病毒，进行实验室检查。

（6）防治。目前尚无有效的防治方法。化疗有一定效果。发现病猫一般都要扑杀。对可疑病猫应在隔离条件下进行反复的检查，尽量做到尽早确诊，防止疫情的扩散。对病猫所接触的场所、器具进行彻底消毒。

要到非疫区引进健康猫咪，并要进行隔离检疫，确认无任何疾病的情况下，方能进入健康猫群。

7. *猫艾滋病*　猫艾滋病又名猫获得性免疫缺陷综合征，是由猫免疫缺陷病毒引起猫的一种慢性接触性传染病。本病以免疫功能缺陷、继发性感染、神经系统紊乱和发生恶性肿瘤为特征。1987年，美国科学家首次在猫身上分离获得猫免疫缺陷病毒，并证实已在包括中国在内的十多个国家流行。美国农业部提供的数字说，据估计全球家猫中有2%～5%感染了猫免疫缺陷病毒。

（1）病原。猫免疫缺陷病毒，属于反转录病毒科慢病毒属猫慢病毒群3的成员。病毒基因含有几个类似人艾滋病病毒的片断，对抑制人和猴的免疫缺陷病毒的药物敏感。

（2）流行病学。本病主要发生于家猫，感染率与性别有关，但公猫比母猫更加易感，游走猫高度危险，感染率与游走猫多少成正比，并且随年龄增长而增加。苏格兰野猫、山猫及非洲狮子、美洲虎、豹等猫科动物也可感染。感染猫是本病的传染源，病毒主要存在受感染猫的血液、唾液和脑脊髓液中，主要传播途径为咬伤、虫螨叮咬等。公母猫交配不会传染，母子间经子宫内及生后经母乳都不易感染。一般性接触也很少发生感染。本病常呈地方性流行。一些病猫能够康复，但会终身携带病毒。

（3）症状。猫艾滋病潜伏期较长，一般3年，产生临诊症状的平均年龄为10年。因此自然病例主要见于中、老龄猫。大多由病猫接触、撕咬传染而来。主要临床症状为病猫免疫力下降，发热、慢性口腔炎、严重牙龈炎、慢性上呼吸道病、消瘦、淋巴结炎、白血球总数下降、贫血、慢性皮肤病、腹泻、青光眼和角膜炎等多种眼疾，5%的病猫还可出现动作和感觉异常或行为改变等神经症状。此外，有些感染猫在鼻、肠、脾发生B细胞型淋巴肉瘤。

（4）病理变化。病猫主要病变发生在消化系统、中枢神经系统和其他内脏器官。剖检病变主要有结肠多发性溃疡灶，盲肠、结肠肉芽肿，空肠轻度炎症，脑部有神经胶质瘤和神经胶质结节，组织学检查常见淋巴结滤泡增生，脾脏红髓、肝窦、肺泡、肾及脑组织有大量未成熟单核细胞浸润。

（5）诊断。猫艾滋病临床症状与其他猫病表现相似，诊断较为困难。根据本病持久性白细胞减少症，特别是淋巴细胞和中性粒细胞减少症、贫血及低球蛋白血症、淋巴结活检增生或萎缩和退化等可做出初步诊断。目前还没有快速诊断试剂，要想确诊，必须经过有条件的实验室进行病毒分离和鉴定，或通过血清学试验确诊。

（6）防治。因人体免疫缺陷病毒与猫免疫缺陷毒病相似，所以可用人抗艾滋病药物，但费用昂贵，疗效不确定，故一经病毒分离鉴定为艾滋病猫，即可以安乐死等手段处理病猫，并将病猫尸体高温无害化处理。国外2002年已开始生产和销售猫艾滋病疫苗。我国目前尚无此类疫苗。

◆ 猫咪的常见寄生虫病

1. 猫肺吸虫病　肺吸虫病的病原体属于并殖吸虫属，所以又称并殖吸虫病，其虫体大多寄生于人和犬、猫的肺脏，还危害脑、眼睛、肝脏、肾脏等器官。是一种严重危害人类和猫咪健康的寄生虫病。

（1）病原体及生活史。肺吸虫最常见的是卫氏并殖吸虫。猫吃了含有囊蚴的蟹体或未熟透的蟹体，囊蚴在猫小肠中破囊而出，钻入肠壁，进入腹腔，穿破膈膜，移行到肺内小支气管附近，然后发育为成虫。肺吸虫以终宿主的血液和组织为食，虫体寿命可达6～20年。

（2）症状。早期症状是咳嗽，特别是早晨最为严重，初为干咳，以后有痰液，痰多呈白色黏稠状并带有腥味。有些病猫还表现气喘、发热、腹痛腹泻，脑部肺吸虫还表现为感觉降低，共济失调，癫痫或截瘫。

（3）诊断。根据临床症状和在显微镜下检查粪便中虫卵，可确诊本病。

（4）防治。①治疗：硫双二氯酚80～100毫克每千克体重，每日或隔日给药，10～20个治疗日为一个疗程。硝氯酚3～4毫克／千克体重，一次口服。吡喹酮50毫克／千克体重，一次口服。②预防：定期驱虫，如用丙硫咪唑、吡喹酮等。不要让猫吃生的水产品。

2．绦虫病　绦虫病是猫常见的一种寄生虫病，主要危害猫的绦虫有很多种，如阔节裂头绦虫、链状带绦虫、中绦虫、双殖孔绦虫、犬豆状带绦虫、曼氏双槽绦虫等。猫为其中大部分种的终末宿主。但对链状带绦虫则为中间宿主。其危害在于绦虫蚴可感染人和各种家畜，危害性很大。

（1）病原及生活史。绦虫虫体呈带状，由头节、颈和许多体节组成。某些种类只有一个体节，而有些种类有几十、几百以至更多的体节。绦虫营寄生生活，它们的成虫一般都寄生在各种动物的肠内，很少寄生在胃、肝、胆管和体腔内。虫卵被宿主排出后，被各种中间宿主吃入体内，发育成幼虫。这些幼虫再被猫吃入后，发育成成虫，引起猫出现各种临床症状。

（2）症状。猫绦虫病临床症状不明显，一般出现慢性肠炎、腹泻，有时腹泻与便秘交替，发生呕吐、消化不良的症状。高度贫血。有时孕节片附在患猫肛周，刺激肛门，使肛门疼痛发炎。

（3）诊断。对绦虫病的诊断，主要从粪便中发现排出的体节和从粪便中检查虫卵或卵囊，如在猫的粪便中找到上述体节或虫卵，即可确诊。

（4）防治。每年最好定期进行3～4次预防性驱虫，饲喂的肉制品一定要煮熟，以隔断中间宿主的传播。平时应加强卫生，大力防鼠灭鼠，消灭猫身上的蚤类，猫粪要彻底消毁，防止散布病原。治疗药物有：吡喹酮，口服量5～10毫克／千克体重，这是目前较理想的驱绦虫药，效果好，毒性小；氯硝柳胺（灭绦灵），口服量100毫克／千克体重，服药前停食12小时，此药对各种绦虫都有很好的杀虫作用；丙硫苯咪唑，口服量10～15毫克／千克体重，有高效杀虫作用。如用药不当很难驱除彻底。

3．*蛔虫病*　猫蛔虫病主要是弓首属的几种蛔虫寄生于猫小肠内的一种常见的寄生虫病。这种病流行和分布极为广泛，不同种的蛔虫有不同的固有宿主。寄生猫体内的主要是猫弓首蛔虫，除猫以外，还能寄生于其他猫科动物体内，人也偶而发生感染。

（1）病原及生活史。蛔虫是一种相当大的浅黄色线虫，长圆形，前后两端均较细。虫卵随宿主粪便排出后，在潮湿、隐蔽及氧气充足的环境中，在温度22～23℃下经过9～13天，受精卵发育成为杆状幼虫，一周后蜕化成为具有侵袭性的第二期幼虫。此幼虫通常不孵出，当被宿主猫吞食后，在十二指肠中由于消化液刺激，幼虫活动增加，几小时内幼虫即破卵壳逸出，侵入肠壁内的淋巴管或静脉管，幼虫随血液流至肝脏，此后再随血液流到右心，并经肺动脉入肺，然后破血管进入肺泡，在肺里经过二次蜕化，在肺泡中渐渐长大到1～2毫米长时，最后顺着小支气管、支气管、气管，又到咽喉部。咽喉部的幼虫重新被咽下到食管，再经胃而到小肠。一般在感染25～29天，幼虫在小肠内进行第四次蜕化，60～75天后发育成熟，雌虫开始排卵。

（2）症状。病猫出现消瘦、黏膜苍白、食欲减退、呕吐，发育迟缓。蛔虫大量寄生可引起肠梗阻或阻塞胆道。蛔虫可分泌多种毒素，可引起神经症状和过敏反应。幼虫移行时可引起腹膜炎、寄生虫性肺炎、肝脏损伤及脑脊髓炎等症状。

（3）诊断。取粪便镜检发现虫卵即可确诊。

（4）防治。治疗：丙硫苯咪唑每千克体重10～15毫克，一次服用。平时预防办法：①定期驱虫，一般幼猫在2个月龄后可以进行首次的驱虫工作，但一定要选用比较安全的驱虫药。驱虫以后可以每隔3个月进行一次驱虫，如果卫生条件好的可以6个月驱虫一次，一般不要超过一年。②搞好卫生工作，猫舍要定期地消毒，食物、饮水要防止被寄生虫卵污染。③调节好食物的营养结构，注意维生素和微量元素的补充。

4. 钩虫病　钩虫病是猫多发的寄生虫病，危害严重。对猫有感染性的钩虫有狭头钩虫、管状钩虫、巴西钩虫和犬钩虫等。常见的是管状钩虫与巴西钩虫。

（1）病原及其生活史。钩虫寄生于猫的小肠，尤以十二指肠为主。钩虫在小肠内产卵，并随粪便排至体外，约经一周左右发育并蜕化成感染性幼虫。幼虫经皮肤或经口感染。当幼虫经皮肤侵入时，钻入外周血管，随血流经小循环至肺，移行到肺泡和小支气管，随呼吸道分泌物到口腔，被再次吞咽下，并在小肠内，发育成成虫。约50天后交配产卵。

（2）症状。本病的临床表现不明显，主要是贫血，或局部皮肤上有出血和炎症。严重时，血液稀薄，可视黏膜苍白，消化障碍，下痢和便秘交替发生，粪便带血或呈黑油状，食欲大减，时而呕吐，异嗜，体况下降，消瘦，严重时导致昏迷和死亡。

（3）诊断。可采用饱和盐水浮集法检查粪便内的虫卵进行确诊。

（4）防治。甲苯咪唑对猫钩虫有特效，其口服用量为10毫克／千克体重。预防本病，应保持猫窝的干燥、清洁卫生，经常放阳光下晾晒。定期做粪检，发现钩虫卵时，要及时驱虫。

5. 猫弓形虫病　弓形虫病是一种由名为弓形体的原生动物引起的寄生虫病。除猫外，还可引起人和多种动物的感染，所以也是一种人畜共患病。现已发现猫、兔、猪和狗等几乎所有哺乳类动物均有弓形体的自然感染，其中以猫的感染率最大，因猫粪便中排出的弓形体卵囊，可在外界存在较长时间造成感染的威胁。由于它们与人关系密切，因此常常是人患病的一个重要传染病。本病广泛分布于世界各地，感染弓形体的孕妇，不但会影响胎儿，造成各种先天畸形、缺陷、疾病、残废或死亡，而且可使孕妇出现流产、死胎、早产或增加妊娠合并症，是围产期医学中的一个重要寄生虫病。

（1）病原及其生活史。本病的病原体是刚地弓形体原虫。以猫和猫科动物为其终末宿主，而中间宿主是人和除猫及猫科动物以外的动物宿主，包括所有的哺乳动物，鸟类、鱼类和各种家畜、家禽在内。弓形虫的生活史中有五种不同的形态，即滋养体、包囊、裂殖体、配子体、卵囊。猫弓形虫病传播途径主要是经胎内传染和外界感染。

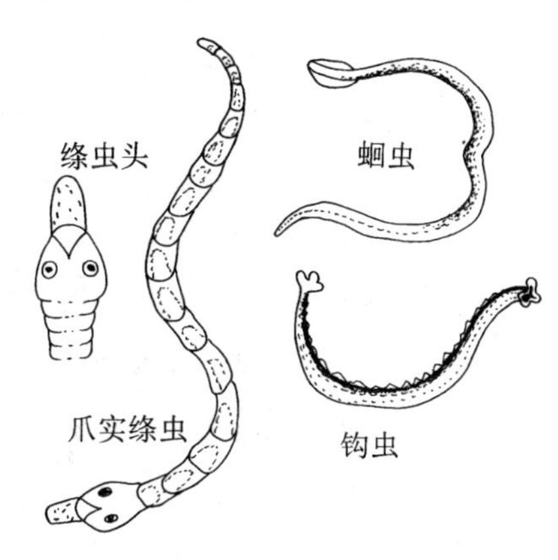

猫各种寄生虫

（2）症状。猫感染弓形体后，症状不明显。而幼龄猫或机体处于应激状态的猫，则可能引起急性发作。猫作为中间宿主感染的，其症状分为急性型和慢性型。①急性型：病猫体温常在40℃以上。精神差，厌食，嗜睡，呼吸困难，有时出现呕吐、腹泻。孕猫可发生死胎和流产。②慢性型：食欲不振，消瘦和贫血，肠梗阻，有时也会有神经症状。孕猫也可发生流产和死胎。猫若作为终末宿主感染时症状较轻，表现为轻度腹泻。表现发热、下痢、呼吸困难和肺炎，有的还出现神经症状。成年猫多为带虫者，不表现任何症状。

（3）诊断。对疑似的病猫进行涂片、压片、镜检，来检测有无虫体。如果有即可确诊。也可进行血清学检测和动物接种试验。

（4）防治。治疗：目前对猫弓形体病尚无特效药物，磺胺类药物配合乙胺嘧啶为治疗本病最常用的方法，两药协同可抑制弓形虫滋养体的繁殖，可用磺胺嘧啶按1千克体重10毫克，每天分4次投喂，配合乙胺嘧啶1千克体重1毫克，每天1次。螺旋霉素治疗本病也有效。预防：及时处理猫的粪便，保持猫舍的清洁卫生，定期消毒，对猫流产出的胎儿及排泄物进行无害化处理，以防污染环境。

6．猫疥螨病　猫疥螨病是由猫背肛螨引起的一种接触性传染性皮肤病，寄生于猫的深层皮肤，常寄生于猫的颈、脸、鼻、耳等处。病猫伴有剧痒、脱毛和湿疹性皮炎的慢性寄生性皮肤病。本病广泛地分布在世界各地。

（1）病原及其生活史。猫背肛螨虫的虫体几乎呈圆形，有四对足，除最后一对外，均伸出体缘外。疥螨的发育过程可分成四个阶段，即卵、幼虫、若虫和成虫，疥螨的整个发育过程平均为15天。疥螨雌雄虫在皮肤表面交配，随后雌虫钻进猫表皮，在表皮内挖凿隧道，虫体就在隧道内产卵，经3~8天孵化为幼虫，幼虫在皮肤上开凿小穴，在小穴中变为若虫，若虫再在皮肤上开凿小的隧道，在隧道中蜕皮变为成虫。

（2）症状。病初在皮肤上出现红斑，接着发生小结节，特别是在皮肤较薄之处，还可见到小水疱甚至脓疱。此外，有大量麸皮状脱屑，或结痂性湿疹，进而皮肤肥厚，表面覆有痂皮，除掉痂皮时皮肤呈鲜红色且湿润，往往伴有出血。由于病猫不断地啃咬及磨擦患部，因而该部位缺毛。有的病猫挠耳摇头，使耳廓受到机械性损伤和发生外耳道炎。有的病猫，由于患部出血和血清渗出，感染细菌而引起化脓。

（3）诊断。根据临床症状和取皮肤刮屑物，用氢氧化钠溶液溶解后镜检，发现虫体，即可确诊。

（4）防治。首先应将患部及其周围的被毛剪去，然后将痂块浸软去痂。温肥皂水洗净，然后用0.5%敌百虫液，擦洗患部，隔7天重复治疗1~2次。也可皮下注射伊维菌素，每周1次，3~4次为一个疗程，效果很好。经常对猫舍及其所处环境消毒，保持良好的卫生。

7．跳蚤　跳蚤是寄生在猫皮肤表面的一种外寄生虫，是造成猫皮肤病灶的最为常见的一种原因，也是分布广泛的吸血性寄生虫。几乎所有的宠物都会被感染，感染猫的跳蚤主要以猫的栉头蚤最为常见，简称猫蚤，呈世界范围分布。

（1）病原及其生活史。猫蚤是一类小型的外寄生性吸血昆虫，虫体为棕黑色，有前胸栉和颊栉，长头型，额部前缘倾斜，与颊部呈锐角，雄蚤头较长，有三对足，眼发达，善于跳跃。蚤的发育分为四个阶段，即卵、幼虫、蛹、成虫。成蚤在猫的被毛上产卵，卵从被毛上掉下后，在适宜的条件下经2~4天孵化成幼虫，一般附着在猫窝的垫料上，经几天后发育成蛹，进而变成成虫。若为长毛种的猫，蚤卵产在毛的深部并在毛的深部孵化。再落到地面或猫窝内，孵出幼虫。幼虫成熟时粘附在食物碎屑上发育为蛹，在适宜条件下约经五天羽化成蚤。

猫患耳螨后奇痒无比

（2）症状。猫蚤唾液中的毒素刺激猫，引起剧烈的搔痒和不安，引起过敏反应，严重时，可抓破或咬伤叮咬处，引起脱毛，甚至发炎。

（3）诊断。根据临床症状和发现虫体即可确诊。

（4）防治。消灭猫身上的蚤，可用1%敌百虫、0.025%～0.1%倍硫磷乳剂喷洒，但喷洒后在35日内不要重复用此药。平时预防用0.5%～1%来苏尔、1%～2%敌百虫溶液喷洒猫窝，垫物要经常放日光下晾晒，保持干燥。

◆ 猫咪的常见普通病

（一）常见消化系统疾病

1. 食道阻塞症　食道阻塞症又名食道梗阻症，是指猫咪食入食团或异物（鱼刺、碎骨等）阻塞于食道而引起的一种疾病。临床上以突发性高度吞咽障碍、流涎和表情痛苦不安为主要特征。

（1）病因。食物中混有粗硬的肉块、铁丝、鱼刺、碎骨片等，猫咪采食时，鱼刺或碎骨等阻塞于食道而造成。或者是猫咪在玩耍时，不慎将玩具、手套等异物误吞下而梗塞在食道内。这些都是本病发生的常见原因。

（2）症状。当食道被异物阻塞时，猫咪就会表现出高度不安，摇头缩颈，不断做吞咽动作，频频咳嗽，流出大量唾液。有时为带血的泡沫样口水或带有血性分泌物。拒食，呕吐。有时可从鼻孔流出，尤其在咳嗽后口、鼻大量流涎且有泡沫。严重的阻塞不能及时排除时，可导致局部重剧性炎症，甚至坏死，通常预后不良。

（3）治疗。直接掏取，在异物阻塞于食道起始部时，将猫咪妥善保定好，用止血钳伸入会咽部，夹出鱼刺、碎骨等阻塞物。若异物发生在食道下部或末端时，可试用胃管将其推入胃内，无效时，应及时实施外科手术，切开食道取出堵塞物。

异物取出后，应用广谱抗生素控制继发感染。

2．*胃内异物症* 胃内异物是指毛球、毛线、铁丝、玩具、橡胶、石块、鱼钩、骨头等异物长期滞留于胃内，既不能被胃液消化，又不能经呕吐或肠道排出体外，引起胃肠机能紊乱的一种病症。

（1）病因。猫咪喜欢吃鱼、鼠类、骨头，吞下后不易消化；猫活泼好玩，嬉戏中误食橡皮、毛线、石头、玩具、鱼钩、铁屑等，滞积于胃不能消化；特别是猫有梳理被毛的习惯，将脱落的被毛吞食，在胃内积聚形成毛球。个别猫因患某些疾病或维生素缺乏、矿物质不足等疾病而伴有异嗜现象。

（2）症状。猫胃内虽有异物，但并不表现出临床症状，因而长期不易

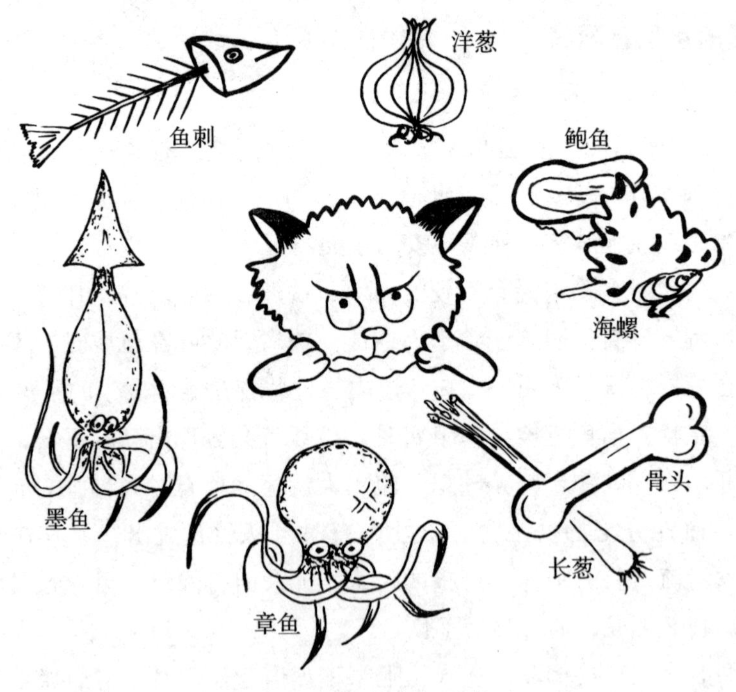

这些食物不可随便让猫咪吃

发现。有的猫胃内有异物，只是时而少食、呕吐或干呕，食欲减退或废绝，有的猫咪表现为肚子饥饿觅食时鸣叫，饲喂食物时，出现贪食，但吃食不多，逐渐消瘦。尖锐异物滞留胃内，因刺伤胃膜可出现胃炎症状，药物治疗时容易复发；有的猫误食长发、毛线，表现不安、疼痛、不吃不喝、哀求主人。

（3）治疗。催吐法：当胃内有光滑、圆、小的异物存在时，可应用阿扑吗啡60微克／千克体重，进行催吐。

轻泻法：可每次喂5～10毫升液体石蜡或植物油1～2次，让其慢慢泻出。

手术法：对以上方法均无效时，应实施外科手术治疗，切开胃壁取出异物，术后注意护理和对症治疗。

3．*胃肠炎*　胃肠炎是猫的胃肠道黏膜表层及其深层组织的重剧性炎症。临床上以呕吐、腹痛、腹泻、迅速消瘦等为主要特征。

（1）原因。① 原发性因素：多因饲养管理不当以及采食发霉、变质和腐败的食物引起。猫咪误食有毒或混有毒性药物的食品也可致病。

② 继发性因素：多见于细菌、病毒性感染和肠道寄生虫感染，如沙门氏菌病、大肠杆菌病、钩端螺旋体病、猫泛白细胞减少症、蛔虫病等均可导致胃肠炎。某些内科病和应激反应等也可伴发胃肠炎。

（2）症状。若偏重于胃炎，病猫表现口渴多饮，饮后即吐，拒食，腹痛蹲伏；重者呕吐频繁，翻肠倒吐，吐物呈淡黄水、甚至带血丝，表情痛苦，迅速消瘦。

若偏重于肠炎，病猫腹痛、腹泻，粪便稀软、水样呈喷射状或里急后重，便中夹脓血，或胶冻状，或黑色、红色兼杂，腥臭难闻，食欲不减，时而饮水，消瘦急剧。失治误治后很快死亡。

慢性胃肠炎，病猫脱水、消瘦和营养不良。胃炎、肠炎症状常同时出现，呕吐、腹泻、消瘦最为常见。

（3）治疗。以去除病因，保护胃肠黏膜，控制呕吐和腹泻，补充水分、电解质，调整猫咪体内酸碱平衡为主。

去除病因和清理胃肠：先禁食1～2日。发病初期，胃肠内容物停滞，可内服适量液体石蜡油或硫酸镁水溶液。用0.1%高锰酸钾溶液灌肠。如为传染性或寄生虫性肠炎，应采用病原疗法。

抑菌和消炎：可选用下列药物：磺胺脒0.5～2克，每日3～4次内服，连用4～6日；黄连素0.1～0.5克，每日3次内服，连用4～6日；肌肉或皮下注射庆大霉素4毫克／千克体重，第1日2次，然后每日1次，连用3日。

适时止泻：当病猫肠内没有积粪，腹泻仍然不止，粪便的臭味不大时，可用吸附收敛药物止泻，如活性炭0.5～2克，或矽炭银片1～4片／次，每日3～4次内服。

补液和强心：可用复方生理盐水200～500毫升，25%葡萄糖液30～50毫升，维生素C 200～500毫克，混合静脉滴注，每日1～2次。

对症疗法：呕吐不止时，可肌肉注射维生素B 625～100毫克，每日1次；对出血严重者，可用维生素K_1和止血敏等止血药物。

禁食疗法：口服食母生0.3克和乳酶生0.5克，每日3次，连服3日；有呕吐症状者，肌肉注射胃复安5毫克，每日2～3次；呕吐严重且有腹痛者，肌肉注射庆大霉素4万单位，阿托品0.5毫克，盐酸甲氧氯普胺10毫克，每

给猫咪喂药也要掌握一定方法哟

日2次。

4．*肚胀症* 肚胀症又名胃肠胀气或胃肠扩张，临床上以腹围增大、呼吸困难，叩诊呈鼓音为主要特征。本病一年四季均可发生，以春季发病为多。

（1）病因。多由于猫咪吃了产气发酵的食物，在胃肠内异常发酵产气，一时排不出去，超过胃肠正常容积而引起腹胀作痛的一种疾病。导致此病的原因是猫咪一次性吃入过多蒸熟的红薯；乱用抗生素，破坏了胃肠道微生物的正常菌群；或因肠扭转、肠阻塞等，使胃肠内食物不能正常消化，并迅速产气，一时又难以排出，引起胃肠急剧膨大，从而发生肚腹胀满。

（2）症状。病猫腹部胀大，腹壁紧张，叩诊呈鼓音，呼吸困难，可视黏膜发绀，不能下卧，常呈蹲卧姿势。经常排少量尿液或粪便。病猫很快死亡。

（3）治疗。当病猫气胀明显时，首先用兽用12号针头，在胀气部位上部穿刺放气。再用阿扑吗啡催吐胃内容物，并可酌情注射抗生素，防止继发感染。

5．*肠便秘症* 猫肠便秘症又称大便秘结，是猫的一种常见病。由于某种因素致使肠管运动障碍和分泌紊乱，肠内容物停滞、使肠道不完全或完全阻塞的一种消化系统疾病。肠便秘症多发于猫的结肠和直肠，尤以幼猫、长毛猫和老龄猫多发。

（1）病因。猫咪对肠便秘有较强的耐受性，病初表现的症状不太明显，便秘时间越长，在治疗上越困难，严重时可发生自体中毒或继发其他疾病而使病情恶化。导致本病的病因有以下三种因素：①环境及饲养管理。长期饲喂干的食物或喂的东西太单一，缺乏饮水，吃入毛发和异物，运动不足以及环境和管理等因素，都可引起便秘。②疾病。直肠或肛门部位受到机械性阻挡或压迫，正常便意消失。某些慢性疾病，都有可能发生便秘。③其他自身因素。例如猫咪年龄较大，肠蠕动机能减弱等。

（2）症状。初期，猫咪常做排便动作，排便用力，排出少量附有黏液的干便或根本排不出来，或排少量恶臭的稀便。病后期，病猫可表现腹痛，烦躁不安，试图排粪而不易排出，鸣叫，频频回顾腹部。有时触摸腹部可摸到干硬的粪球，继而食欲减退或废绝，精神沉郁。有的呕吐，腹围膨大，肠胀气。

（3）治疗。对于单纯的便秘，可采用灌肠治疗：用温肥皂水30～50毫升，灌入肠内，并配合腹外适度地按压肠内秘结粪球，使粪球软化，一般均能将粪便排出。

药物治疗：口服适量的缓泻药。如硫酸镁5～30克或液体石蜡油5～50毫升，或肛门注入开塞露5～10毫升，促使其排便。

便秘的猫会很难受的

手术治疗：对严重肠便秘的猫，当上述方法均不能达到理想效果时，应实施外科手术，取出肠腔结粪，术后注意做好护理。

6．*脱肛症*　又名直肠脱，即直肠的后端黏膜或黏膜基层通过肛门向外翻转脱出。各种年龄的猫均可发生，但以幼猫和老猫多发。常预后不良。

（1）病因。此病主要是由于猫长期急剧腹泻、虚弱，或由于便秘、分娩时剧烈努责、前列腺炎。肠道内寄生虫严重寄生、饲料中纤维素过多和蛋白质、维生素缺乏等使猫体营养不良时，均能引发本病。

（2）症状。病猫肛门处可见“香肠”样柱状下垂的肿状物，充血或水肿，表面污秽，粘有被毛、泥土，进而黏膜溃疡、坏死。常伴有体温升高，精神沉郁，食欲下降。并且频频做排便姿势。

（3）治疗。在全身麻醉的情况下，用0.1%新洁尔灭冲洗后，将脱出直肠送入肛门内进行整复。为了防止再次脱出，在肛门周围可做荷包缝合。治愈后再将线拆除。对于脱出的肠管已发生坏死，应实施外科手术，将这部分肠管切除，术后应注意护理。另外应注意治疗直肠脱的原发性疾病。

（二）常见产科病

1．*流产*　流产是各种原因所致的妊娠中断，包括胚胎被母体吸收及产出死胎与未足月胎儿等统称为流产。

（1）原因。流产的原因很多，以怀孕早期较为多见，可以概括分为感染性与非感染性两种。传染性流产猫多见布氏杆菌、大肠杆菌、猫泛白细胞减少病毒、白血病病毒感染。猫的寄生虫性流产较为少见。另外，孕激素不足、过度跳跃运动等都可导致流产。

（2）症状。流产母猫可见阴道血样分泌物，时间可持续5～7天。但是流产的胎儿常被母猫吃掉，阴道流出的血样分泌物，经常被母猫舔干，应仔细观察。X射线检查，可见母猫胃内有胎儿骨骼。

（3）治疗。流产一般无保胎治疗价值，首先应准确判定怀孕能否继续，然后再确定治疗方法。对先兆流产可肌肉注射孕酮5～10毫克，每日1次，连用3次。如果先兆流产保胎无效，应尽快使其胎儿排出体外。

2. *难产*　难产是孕猫产程延长、胎儿娩出困难的一种分娩期疾病。

（1）原因。难产的原因有胎儿与母体两方面。母猫本身发育不全，骨盆异常，产道狭窄，分娩时不能顺利产出而发生难产；营养不良和过度肥胖，以致母体虚弱，气血亏损，临产时，宫缩无力。胎儿发育过大或胎位不正，畸形或发生水肿，分娩困难，亦可发生难产。

（2）症状。难产常见于第1胎（尤其是老龄初产猫），也可在已产1～2胎后发生。由于产程过长痛苦嚎叫，精神不振，食欲废绝。猫咪极为痛苦，频频蹲腰努责、从阴道流出黏液和胎水，但不见胎儿排出。母猫回头顾腹，有时舐外阴部，有时产道可能有仔猫的部分肢体先露，或排出1～2只子猫后不能继续排出。不久即陷于衰竭，摇尾呻吟，若时间太久，则卧地不动，昏迷无力。

（3）治疗。药物治疗：可用催产素0.25～0.5毫升，同时，5%葡萄糖100毫升内加入10%葡萄糖酸钙5～10毫升，静脉注射，以增强子宫的收缩力。应该注意的是宫颈未开时严禁应用宫缩药。

人工助产：如果胎儿大小、方向、位置、姿势及产道均无异常，可采取人工助产。

手术助产：如果以上方法均不能将胎儿娩出时，应立即行剖腹产术，取出胎儿。

3．雌猫不孕症　此病是指雌猫在身体成熟后，或在分娩之后超过产后正常发情时间仍不能配种受孕，或因生殖系统解剖结构及功能异常引起的暂时性或永久性不能繁殖的病理状态。

（1）病因。生殖道异常：雌猫达到配种年龄时，生殖器官不全或发育不良，不能交配受孕。子宫颈畸形，也可导致不孕症。

营养不良：长期单纯地饲喂过多的蛋白质、脂肪或碳水化合物，单调劣质或缺乏某些维生素或矿物质。其中以缺乏矿物质所致的不孕症最为常见。

其他因素：营养过剩，过度肥胖，或衰老性生殖机能停止，全身性或生殖器官的疾病（如螺旋体病、弓形虫病、布氏杆菌病等），公猫人工受精技术掌握不当，环境变迁等都可能造成猫咪的不孕症。

（2）治疗。严格来讲，发育不全或先天性生殖系统异常的猫不宜作种用。也可用激素类的药物刺激猫咪生殖器官的发育。对营养不良的猫咪，应加强饲养管理，补充缺乏的物质，以恢复生殖机能。对于疾病引起猫咪的不孕症，应先治疗原发病。

4．子宫内膜炎　子宫内膜炎是子宫内黏膜及黏膜组织的炎症，是常见的一种生殖器官疾病，也是导致雌猫不孕的重要原因之一。

（1）病因。按病程可分为急性或慢性两种。急性子宫内膜炎多以分娩或难产时消毒不严的助产、产道损伤、子宫破裂、阴道炎、胎盘及死胎滞留引起感染为主要病因。而慢性子宫内膜炎除由急性转化外，也可见于休情期子宫内膜的囊状增生。

（2）症状。猫患急性子宫内膜炎时，精神沉郁、体温升高，严重者体温可达40℃以上。食欲减退或废绝，呕吐、腹泻脱水，腹痛腹胀，阴道流出大量混浊、暗红色液体，有强烈的腥臭味。病猫常站立做排尿姿势，表现拱背和痛苦呻吟。

患慢性子宫内膜炎以阴道长期流出浑浊带有絮状物黏性脓液为主要特征。

（3）治疗。以排出污物、抗菌消炎和增强机体抵抗力为治疗原则。

排出污物：用0.3～0.5毫升催产素，间隔12小时，注射2次。同时口服益母草膏。当子宫颈可开张时，用2%温硼酸液或生理盐水冲洗子宫，然后注入抗生素。

抗菌消炎：临床上以洁霉素效果较佳。0.5～1毫升洁霉素，配合地塞米松，肌肉注射4次，间隔时间为12小时。

根据临床症状纠正水及电解质平衡紊乱，静脉注射10%葡萄糖液、10%葡萄糖酸钙和5%碳酸氢钠的混合液。

若炎症不能消除时，应实施外科手术，剖腹摘除子宫。术后注意护理。

（三）维生素类缺乏症

1．维生素A缺乏症　维生素A是动物骨骼形成、视色素的合成和上皮组织、神经组织结构完整性的保持和健全所必需的营养物质，对动物的生长发育、视觉、消化、呼吸、繁殖力和抗病力都有极大的相关性。

（1）病因。大多由于长期饲喂缺乏维生素A的食物与猫咪机体的吸收功能障碍（如慢性肠炎、胆汁和胰液分泌障碍及体内存在维生素A的拮抗物）造成。

（2）症状。病猫表现为被毛稀疏，厌食、消瘦，进一步发展为毛囊角化、皮屑增多，结膜发炎，眼睛羞明流泪。如继发细菌感染，可发生角膜溃疡，甚至穿孔。雄性病猫表现为睾丸萎缩，精液中精子少或无。雌性病猫轻者虽然仍可发情、妊娠，但易发生流产或产出死胎，或产下弱子，发生胎衣滞留。严重者不发情。

产后未死的子猫常出现共济失调、震颤和痉挛，最后瘫痪。幼猫表现为生长停滞，精神不振，厌食，步态不稳，乳齿更换延迟，消化障碍。有时病猫还出现贫血、腹泻、体力衰弱，易继发呼吸道疾病。

（3）治疗。维生素A胶囊4 000单位／千克体重，口服，每日1次，连服10日。

鱼肝油0.2～0.3毫升／千克体重，每日1次，连服7～10日。

平时应适量加喂动物肝脏等含维生素A食物，保证猫日粮中含有1 500～2 100单位维生素A。在应用维生素A制剂时切忌过量，以防中毒。

2．维生素B_1缺乏症　维生素B_1（硫胺素）的主要作用是参与体内糖类代谢过程，其主要存在于饲料、酵母、谷物、大豆、动物肝脏及瘦肉中。当缺乏维生素B_1时，糖代谢便会发生障碍，从而引起糖代谢旺盛的器官和组织（如神经组织、心脏、胃肠道、肌肉组织）发生功能紊乱。

（1）病因。在某些软体动物和鱼类的内脏中含有破坏维生素B_1的硫胺素酶，如果长期给猫饲喂生鱼和软体动物可发生维生素B_1缺乏症；而长期饲喂罐装饲料也易导致此病。此外，母猫在妊娠后期、泌乳期间及发病高热时，需要大量的维生素B_1，如果得不到及时补充，容易患此病。

（2）症状。病猫会出现食欲不振、呕吐、脱水、体重下降，严重时会伴发神经炎、心脏机能障碍、惊厥、共济失调、麻痹、虚脱，最后因心力衰竭而死亡。

（3）治疗。宜口服维生素B_1片，每日5～30毫克。加强饲养管理，平时注意饲喂富含维生素B_1的食物。

3．维生素B_2缺乏症　维生素B_2（核黄素）存在于酵母、肝、肾、肉类、蛋、乳类和绿色蔬菜中。维生素B_2缺乏症是因缺乏B_2所引起机体物质和能量代谢发生障碍的疾病。

（1）病因。当食物经过碱性处理会使其中的维生素B_2遭到破坏而失效，长期饲喂缺乏维生素B_2的食物及患有急、慢性肠炎使小肠不能正常合成维生素B_2，均可引起此病。

（2）症状。病猫主要表现为厌食、消瘦、脱毛、结膜炎、角膜混浊，甚至发生白内障，后肢肌肉萎缩，睾丸发育不全等，特别严重者可导致死亡。

（3）治疗。口服维生素B_2片，每日5～10毫克。日常注意饲喂富含维生素B_2的食物。

4．维生素B_6缺乏症　维生素B_6存在于肉、鱼、蛋黄、豆类、包心荚、谷物种子外皮中，在高温、碱性溶液中和紫外线照射下均易被破坏。维生素B_6制剂常与维生素B_1合用治疗皮肤病、神经系统疾病；与维生素B_{12}合用治疗贫血，也可作为镇吐药物使用；维生素B_6对因猫瘟热引起的白细胞减少症也有一定的辅助治疗作用。

（1）病因。在通常饲养条件下不会引起维生素B_6的缺乏。当发生慢性腹泻等吸收不良性疾病、母猫妊娠期维生素 B_6 的需要量增大或使用对其有拮抗作用的药物时，可引起此病。

（2）症状。病猫体重减轻、消瘦，小红细胞性低色素性贫血，以及由于草酸钙结晶在肾小管内沉积而发生不可逆性肾损伤。

（3）治疗。口服维生素 B_6 片，每次5毫克，每日3次。日常注意饲喂富含维生素 B_6 的食物。

5．维生素C缺乏症　维生素C（抗坏血酸）存在于新鲜蔬菜及水果中。维生素C具有很强的还原性，与结缔组织的形成有密切的关系，参与体内众多的氧化、还原反应，对血红蛋白的合成和红细胞成熟都有重要作用。还具有抗炎、抗过敏、提高肝细胞抵抗力和肝解毒能力，改善心肌与血管代谢等作用。对一些化学药物引起的中毒，维生素C有一定的解毒作用。对猫的贫血、高铁血红蛋白血症、过敏性皮肤病等也有很好疗效。维生素C的毒性很小，但大剂量应用也可引起副作用。

（1）病因。猫能在体内合成维生素C，一般不易缺乏。当猫患有各种传染病、外伤、烧伤、高热、败血病及手术以后等时候，可发生此病。

（2）症状。病猫表现为毛细血管脆性增加，出现广泛的皮下和内脏出血，齿龈肿胀出血，牙齿松动而易脱落。骨骼生长不良，创伤愈合缓慢，抗病力下降。

（3）治疗。口服维生素C片，每日20～50毫克。在猫患病时应注意补给维生素C。

6．维生素E缺乏症　维生素E广泛存在于动、植物组织中，在麦胚油、豆油、玉米油中含量丰富，它能保护食物和动物机体中的脂肪，维持骨骼肌、心肌、平滑肌以及外周血管结构的完整性和生理特性，保持正常生殖和神经机能。维生素E与猫的肝、肾功能有密切关系，所以在猫患有肝肾疾病时，应用维生素E有一定疗效。此外，维生素E还可缓解机体的铁中毒。

（1）症状。病猫红细胞变脆，贫血，寿命缩短，不发情，发情延迟，不妊娠，早产，习惯性流产，死胎等。

长期给猫饲喂青鱼、金枪鱼或富含不饱和脂肪酸的食物及食入大量酸败的脂肪，可引起维生素E缺乏（黄脂病），病猫通常肥胖，表现厌食，精神不振，不爱活动，经常鸣叫，体温升高。在肩胛骨周围和腹腔中出现脂肪沉积，严重者可在腹部和股部皮下触摸到硬块并有痛感。患病母猫所产的子猫多在10日龄左右因虚弱而亡。

（2）治疗。口服维生素E胶丸，每日30～100毫克。日常注意在猫的饲料中添加豆油。

（四）外科疾病及其他常见病

1．骨折　骨折是指骨的连续性中断或其完整性遭到破坏。骨折常伴有不同程度的软组织损伤。

（1）病因。骨折常因直接外力作用或间接外力的作用，如交通事故，外力冲撞、跌倒、打击、从高处跌下、挤压等原因都可引起骨折。或因骨质松脆，抵抗力降低，如患佝偻病、骨髓炎、骨软症的猫，即使外力作用较小时，也常会发生骨折。

（2）症状。病猫患部软组织肿胀，疼痛不安，嚎叫或呻吟，肌肉颤抖，出汗，机能障碍。局部骨变形，出现异常活动，触之有压痛，可摸到骨的断裂处，同时有摩擦音，但非完全骨折或骨断端分离较远时无骨摩擦音。如发生在四肢，活动异常，病猫跛行，站立困难，开放性骨折局部有外伤、出血，有的可见骨碴或骨的断端突出于创口处；有的会引起失血性贫血，甚至休克死亡。

（3）治疗。以固定、整复为主，配合适当运动和药物疗法。

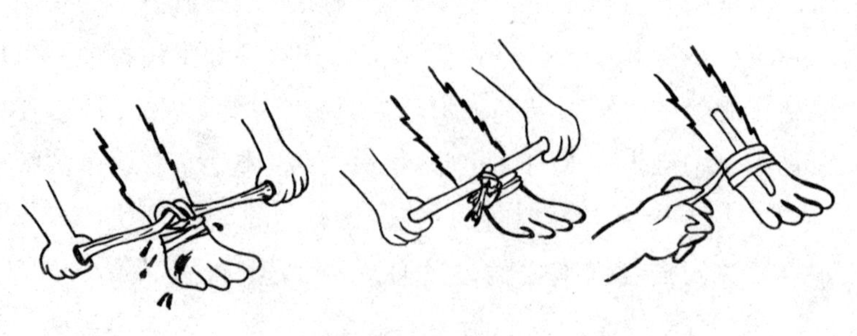

骨折后的紧急处理

整复：将变位的骨经手法整可恢复到原位，为减少猫咪的痛苦，可在全身麻醉或局部麻醉的情况下进行。复位越早越好。

固定：整复后应立即进行固定，固定部位剪毛，衬垫脱脂棉，用竹板（木板）、金属支架、石膏绷带等固定。

药物疗法：可内服跌打丸。对开放性骨折，在整复、固定前后，应持续用抗生素或磺胺类药物控制创口，防止继发感染。

2．挫伤　挫伤是由于钝性或锐性外力作用于机体（如棍棒打击、车辆冲撞、重物挤压、跌倒等）所致的皮下软组织损伤。

（1）症状。主要为伤部裂开、淤血、肿胀、剧烈疼痛，并出现机能障碍。出血多时，常引起全身症状，血压下降，可视黏膜苍白，呼吸急促，甚至休克导致死亡。有的病例，皮肤上可见红色的淤血斑，严重者常伴发骨及关节的损伤。

（2）治疗。以及时止血、消炎镇痛、促进肿胀消散、防止感染和加速组织修复为治疗原则。病初根据创伤发生的部位，种类和出血程度，采取不同的止血方法。其中以冷敷最为常见。局部涂布复方醋酸铅散对促进肿胀的消退有良效。临床上猫挫伤用按摩配合针灸疗法效果极佳。防止继发感染可用0.25%盐酸普鲁卡因100毫升配合80万青霉素进行病部周围封闭，效果良好。同时及时治疗并发病及继发病。

3．脓肿　脓肿是由于局部组织器官被细菌感染化脓，形成外有脓包膜、内有脓汁滞留的局限性炎症。

（1）病因。脓肿多由病原微生物通过各种损伤、抓伤、咬伤、擦伤、刺伤等侵入机体感染所致，也有继发邻近组织炎症和脓毒血症或淋巴结炎转移所造成的。另外，某些刺激性药物，如葡萄糖酸钙，高浓度的氯化钠液漏注皮下，也可引起脓肿。

（2）症状。浅在性脓肿：常发生在猫的面部、颈部、筋膜下、大腿内侧的皮下结缔组织。初期表现红、肿、热、痛的炎症症状。呈侵润性肿胀，稍高于皮肤表面。触诊有疼痛感，全身无明显变化，5天以后脓肿逐渐局限，脓肿中央变柔软，有少量的脓汁，并出现明显波动、病变组织和健康组织界限明显，此时全身症状明显随后肿胀处皮肤坏死，脓肿自溃排出脓汁，全身症状缓和。

深在性脓肿：常发生在猫的肩颈部、深层肌肉、肌间、筋膜下以及内脏器官。局部症状不明显，但全身症状明显，有轻度的炎性水肿，器官功能障碍。

（3）治疗。患病初期，全身应用抗生素治疗，在病灶局部用0.25%普鲁卡因和青霉素封闭，并涂擦消炎剂（如5%碘酊）或温敷，若无效时在病变中心的软化或波动处一次切开，为防止毒素扩散和吸收，应尽快排出脓汁和炎性渗出物，脓肿切开后可用0.1%高锰酸钾冲洗脓腔，然后用纱布浸10%食盐水引流。如果是深在性脓肿或关节腔、心包腔蓄脓可采用脓汁抽出法。

4．湿疹　湿疹是皮肤表皮细胞的特殊性炎症。猫比其他动物更为多发。

（1）病因。主要因外界的各种刺激导致此病，如机械刺激、昆虫叮咬、皮肤不洁、圈舍潮湿、闷热、汗液浸渍，使皮肤角质层软化，持续摩擦，长时间的热晒，涂擦刺激剂，化学药品使用不当均可引起猫咪湿疹的发生。

（2）症状。急慢性湿疹临床表现为七期，即红斑期、丘疹期、水泡期、脓包期、糜烂期、结痂期、脱屑期等病变过程。患猫表现为瘙痒不安、啃咬、体重日渐消瘦，大片地脱毛、擦伤。有的表面湿润或化脓破溃，并覆有黄褐色结痂。慢性湿疹以落屑为主。

（3）治疗。以祛除病因，保持皮肤清洁，干燥，加强营养，防止对皮肤的长期刺激，消火止痒，防止感染，促进愈合为主。

消炎止痒，红斑和丘疹期用保护性拔苗助长粉，如磺胺粉，消炎粉；水泡、脓包和糜烂期主要用收敛、防腐药，3%硼酸溶液局部，消除局部病理产物，然后患部涂布3%～5%龙胆紫，结痂期和落屑期用软膏，如氧化锌软膏。

5．*皮肤瘙痒*　皮肤瘙痒就是皮肤在没有其他外寄生虫和其他刺激而发生的瘙痒，其病因至今不清，一般认为是消化不良、某些传染病出现的神经区域痒。

（1）症状。分阵发性和持续性，猫抓咬、摩擦，出现大片的脱毛、擦伤。

（2）治疗方法。以祛除各种引起机体代谢紊乱原因为主。常用10%水杨酸钠酒精涂擦。

6．中耳、内耳炎　中耳、内耳炎多由外耳炎细菌蔓延感染所致，常同时或相继发生，经血源性感染、外耳炎蔓延感染，穿孔鼓膜直接感染或经咽骨管感染。洗澡时污水入耳内为猫中耳、内耳炎常见的诱因。

（1）症状。患猫举止不安、耳痛耳聋、有耳漏、摇头、转圈、共济失调。食欲废绝、体温上升（可达41℃）、有耳漏。如果炎症向深部蔓延，常引起脑脊膜炎，患猫很快死亡。

（2）治疗。全身应用敏感抗生素，清洗中耳，中耳冲洗在完成全身麻醉后，用2%硼酸溶液或生理盐水（溶液温度最好37～38℃）冲洗。冲洗液通过一根长10厘米，内径1毫米的中耳导管经鼓膜孔注入中耳冲洗，冲洗后再经导管吸出冲洗液。反复冲洗至洗出的冲洗液洁净为止。然后，肌肉注射敏感抗生素。

7．结膜炎　结膜炎是指猫咪眼睑结膜及眼球结膜的炎症，是猫咪的常见病。

（1）病因。本病致病原因很复杂，细菌、病毒、寄生虫、异物、创伤、粉尘、烟雾、化学物质等均可引起本病的发生。

（2）症状。急性卡他性结膜炎：患眼羞明、流泪、眼睑肿胀，疼痛，结膜显著充血，分泌物浆液或黏液性。

慢性卡他性结膜炎：多由急性结膜炎转化而来，分泌物不多，不呈现羞明，结膜轻度充血，暗红色，随着时间的延长结膜可能肥厚，猫的眼内角下方可见到泪痕，甚至引起湿疹。

化脓性结膜炎：多见于细菌与继发感染。增温、肿胀明显、羞明、流泪、疼痛剧烈、结膜显著充血、水肿，眼内流出黏液脓性或单纯脓性黑色分泌物，上下眼睑常粘在一起。严重时可发生结膜坏死、甚至溃疡。

（3）治疗。暗室饲养，以减少刺激。急性结膜炎应用3%硼酸溶液或生理盐水冲洗眼睛，消炎止痛可选用醋酸可的松眼药水点眼，每隔3～5小时/次，同时配合使用抗生素眼药水。

8. 感冒　感冒是猫咪以呼吸道黏膜炎症为主的急性全身性疾病临床上以鼻流清涕、羞明流泪、喷嚏连声、呼吸增快、发热恶寒、体表温度不均为特征。本病以早春、秋末气温多变的季节多发。

（1）病因。多因气候突变，寒潮来临，机体突然遭受冷空气袭击，饲养管理不当，过度劳累，长途运输及患有其他疾病，机体抵抗力减弱时均可造成本病的发生。

（2）症状。患病的猫咪精神沉郁、喷嚏频频、食欲减退或废绝，体温升高、全身发抖、恶风发热、流清鼻涕、眼结膜潮红、羞明流泪。失治日久，则见时冷时热，鼻黏膜充血、肿胀、呼吸心跳加快。严重时畏寒怕冷，以至出现鼻流脓涕、两角眼屎、呼吸困难等支气管肺炎症状。

（3）治疗。本病以祛风散寒、解热镇痛和防止继发感染为治疗原则。

治疗感冒的药很多，如可用感冒冲剂，内服，每日2次；复方氨基比林每次2毫升，肌肉注射，每日2次。

为防止继发感染，可用抗生素或磺胺类药物，如氨苄青霉素、链霉素和磺胺类等抗菌药；为控制病毒，可选用病毒灵、病毒唑及板蓝根冲剂、感冒冲剂等。

9. 气管支气管炎　气管支气管炎是猫常见的一种上呼吸道疾病。主要病因是由于感染，或物理、化学因素刺激所引起的器官、支气管炎症。

主要由寒冷和潮湿空气吸入后的强烈刺激，继发于感冒；吸入了煤烟、二氧化硫、氨气、灭害灵等刺激性尘埃和气体；异物进入器官，（如灌药时，药误入气管），全身麻醉手术中食物倒流误入气管；继发于某些传染病和寄生虫病等。

（1）症状。主要症状为咳嗽。发病初期为阵发性干咳，后转为湿咳，表情痛苦，咳痰、喷嚏、体温轻度升高、呼吸困难，偶有鼻汁流出。听诊时可听诊到气管支气管罗音。如果急性气管支气管炎治疗不力，常转为慢性气管支气管炎，出现食欲减退，精神委顿等全身症状。间歇性咳嗽，夜间或早晨多发，呼吸音短粗，阵发性剧烈咳嗽，呼吸困难，偶有窒息现象。

（2）治疗。改变环境：首先应将病猫转移到新的清洁环境中饲养，避免敏感型的猫咪长期处于寒冷，潮湿的环境中。或改善现有环境状况，以利于猫的生长。

对症治疗：为了缓解症状，可用化痰药和抗组胺药，乙酰半胱氨酸对呼吸道喷雾；口服枇杷止咳糖浆、蛇胆川贝液等。

抗菌消炎：阿洛西林，每日100～200毫克／千克体重，分2～3次静脉滴注，直到症状有所改善。

10．支气管肺炎　支气管肺炎是由各种刺激引起的肺和支气管的急性或慢性炎症。多见于老龄猫和幼龄猫，以冬、夏两季多发。

（1）病因。引起猫支气管肺炎的病因很多：气管支气管炎的进一步发展蔓延，呼吸道综合征，支气管寄生虫侵袭，感冒病失治日久，细菌感染；高热和寒冷的刺激，吸入烟雾剂颗粒、呕吐物或其他异物；子宫炎、乳房炎等化脓性疾病的继发；某些霉菌（如黄曲霉、烟曲霉、念株菌等）均可引起霉菌性肺炎。

（2）症状。病初，病猫常有流鼻液、咳嗽等气管支气管炎症状。随后，体温升高至40℃左右，呼吸增数，呼吸急促而浅表。支气管罗音，如果是病原生物感染，常伴有其他脏器病变症状。肺炎后期，全身症状更加明显，精神沉郁，昏睡，饮食欲减退或废绝，表现为极度衰竭。

（3）治疗。治疗原则为消炎止咳，制止渗出，促进吸收与排除。

抗菌消炎：可广泛使用抗生素和磺胺类药物进行治疗。乙酰螺旋霉素，每日20～30毫克／千克体重，分3～4次口服；此外，氨苄青霉素、氯霉素、卡那霉素、四环素、增效磺胺等均可应用。

平喘止咳：应用麻黄素0.03克／毫升，分3次肌肉注射。

制止渗出：10%葡萄糖酸钙10～15毫升，静脉滴注。

浓痰液化：使用必咳平或乙酰半胱氨酸等溶解性祛痰药，有助于将支气管和肺内的渗出液液化咳出。

制霉菌药：霉菌性肺炎可选用两性霉素B，0.3～0.5毫克／千克体重，静脉注射。

11. *膀胱炎*　膀胱炎是猫膀胱黏膜及黏膜下层组织的炎症。此病多见于母猫和老龄公猫。

（1）病因。膀胱炎的病因有创伤、泌尿道感染、结石、肿瘤、尿道憩室、尿潴留、排尿神经障碍、糖尿病和某些寄生虫、毒物、药物过敏等。

（2）症状。急性膀胱炎主要有血尿、尿频、尿失禁。触压膀胱时病猫有痛感，排尿困难，定点排泄的习惯被破坏。体温升高，精神沉郁，食欲不振。慢性膀胱炎症状轻微，一般无排尿困难，病程较长，不易引起主人重视。

（3）治疗。食物中添加食盐或增加饮水有助于细菌随尿液排出体外。①抗菌消炎：可向膀胱内注入10万～40万单位青霉素生理盐水溶液，留于膀胱让猫吸收或自行排出。氨苄青霉素，每6小时5～15毫克／千克体重，肌肉注射。②手术疗法：若查出尿中已无细菌，而持续症状不消失者，多为泌尿生殖道异常（如尿道憩室），应积极进行手术治疗。

12. *尿道炎*　尿道炎是尿道黏膜及其下层发生的炎症。尿道炎是猫常见的泌尿系统疾病之一。

猫咪尿道炎大多是因肾炎、膀胱炎、子宫内膜炎等泌尿道及邻近器官感染所导致；其他原因有外伤，如猫互相咬伤、跌伤、结石阻塞、膀胱交界处破裂、车辆压伤、交配时过度舔舐等。

（1）症状。常见病猫尿频、排尿困难、疼痛、经常尿血，且多在开始时滴出几滴鲜血，或开始排出浊尿、混有黏液、脓液、严重时有尿道黏膜。应注意与母猫发情时阴道血性分泌物相区别。若人工导尿时，病猫极度痛苦、惨叫、呻吟。

（2）治疗。以祛除病因、抗菌消炎止痛为治疗原则。若属交配时过度舔舐导致或因创伤引起，可给予雌激素或去势术；或因控制损伤，为减少尿道负荷，暂时性膀胱插导尿管，待尿道炎症消除后，除去导尿管。尿道感染者给予抗生素，局部可用10万～40万单位青霉素，1%普鲁卡因6～20毫升封闭。

13. *心肌炎* 以心肌兴奋性增强和收缩机能减弱为特征的心肌炎症称为心肌炎，是猫咪常见的心脏病。

（1）病因。常见病因有：病毒感染、细菌性感染、寄生虫感染、内分泌疾病、中毒病及变态反应性原因均能引起猫咪的心肌炎。此外血钾异常也可导致本病的发生。

（2）症状。此病大多无特异性临床症状或体征。急性、非化脓性心肌炎的早期症状为病猫运动后心肌兴奋性增强，且维持一段时间。这种机能变化常作为诊断依据之一。慢性心肌炎一般症状为显著虚弱，呼吸高度困难，出现缩期杂音。若继发于传染病则病猫长期发热，心动过速，但心跳频率与发热程度不相吻合，有时过缓，节律不齐。病情严重的猫食欲废绝，精神沉郁或兴奋，甚至神志昏迷，血压下降，最终因心力衰竭而突然死亡。

（3）治疗。治疗原则是减轻心脏负担，增强心肌营养和提高收缩机能及治疗原发病。

病因治疗：对于传染性疾病应尽早以磺胺类药和抗生素、血清、疫苗等进行特异性疗法；寄生虫感染给予驱虫药；而中毒性疾病则应及时断绝毒物毒源，并给予特异性解毒药。

对症疗法：急性心肌炎病初不宜用强心剂，对于心力衰竭者，可适量地注射20%樟脑油注射液或20%苯甲酸钠咖啡因液，每日4次，以改善血液循环。慢性病例应用肾上腺皮质激素比较有效。水肿明显且尿量较少的病猫，可应用利尿剂，内服速尿灵，剂量为1～3毫克/千克体重，肌肉注射，每日2次。

此外，可根据病情补给葡萄糖溶液，以增强心肌和传导系统的营养。还应注意治疗心肌炎时禁用洋地黄类强心药。

14. *心力衰竭* 心力衰竭是心血管系统疾病所致的临床综合征。又称心脏衰弱、心收缩不全症。心力衰竭实际上并不是一种独立的心脏病，而是特有的一组症候群。在许多疾病过程中（如传染病、中毒病和胃肠炎等）都可导致心力衰竭。

（1）症状。左心衰竭：病猫活动时表现为呼吸困难，咳嗽、耐力差，黏膜苍白，心跳快而无力，时发猝死。

右心衰竭：病猫可视黏膜发绀，喘息，腹围增大，胸、腹积液，肝脾肿大，甚至全身性水肿。

充血性心力衰竭：病猫呼吸困难，咳嗽，轻微运动即感劳倦，食欲废绝，精神沉郁，体重减轻，黏膜淤血或苍白，腹围增大，体瘦毛焦。

（2）治疗。此病的治疗原则是以加强护理，减轻心脏负担和改善心脏机能为主，辅以对症疗法。

米利酮等洋地黄甙类药可增强心肌收缩力，改善心脏功能，专用于治疗心力衰竭，尤其对常规治疗无效者更佳，25微克／千克体重缓慢静脉注射，或5毫克／次口服，每日3次。

毒毛旋花子苷K 0.1～0.2毫克／次，用50%葡萄糖溶液做10倍稀释，缓慢静脉注射。

双氢克尿噻2～3毫克／千克体重，每日2次，口服，或10～25毫克肌肉注射；速尿1～3毫克／千克体重，每日2次，口服或肌肉注射。

为控制继发感染，可适当使用一些广谱抗生素，如头孢菌素类。头孢氨苄口服，30毫克／千克体重，12小时1次；头孢噻啶皮下或肌肉注射，猫每千克体重用10毫克，8～12小时1次。

猫咪的中毒性疾病

（一）中毒的一般性治疗方法

1. 阻止药物的进一步吸收　这是首先做的工作，也是最重要的一步。可以采用冲洗法，尤其是毒物经皮肤吸收时，用清水反复冲洗患猫的皮肤和被毛，并要冲净，或放入浴缸中清洗。清洗时，人应戴胶皮或橡胶手套，轻擦轻洗。为了加快有毒物的消除，在皮肤上可以使用肥皂水（敌百虫中毒时例外）冲洗，以加快可溶性毒物的清除。

（1）催吐。这是使进入胃的毒物排出体外的急救措施，在毒物吃入的短时间内效果好。可使用阿朴吗啡，静注每千克体重0.04毫克，或肌注、

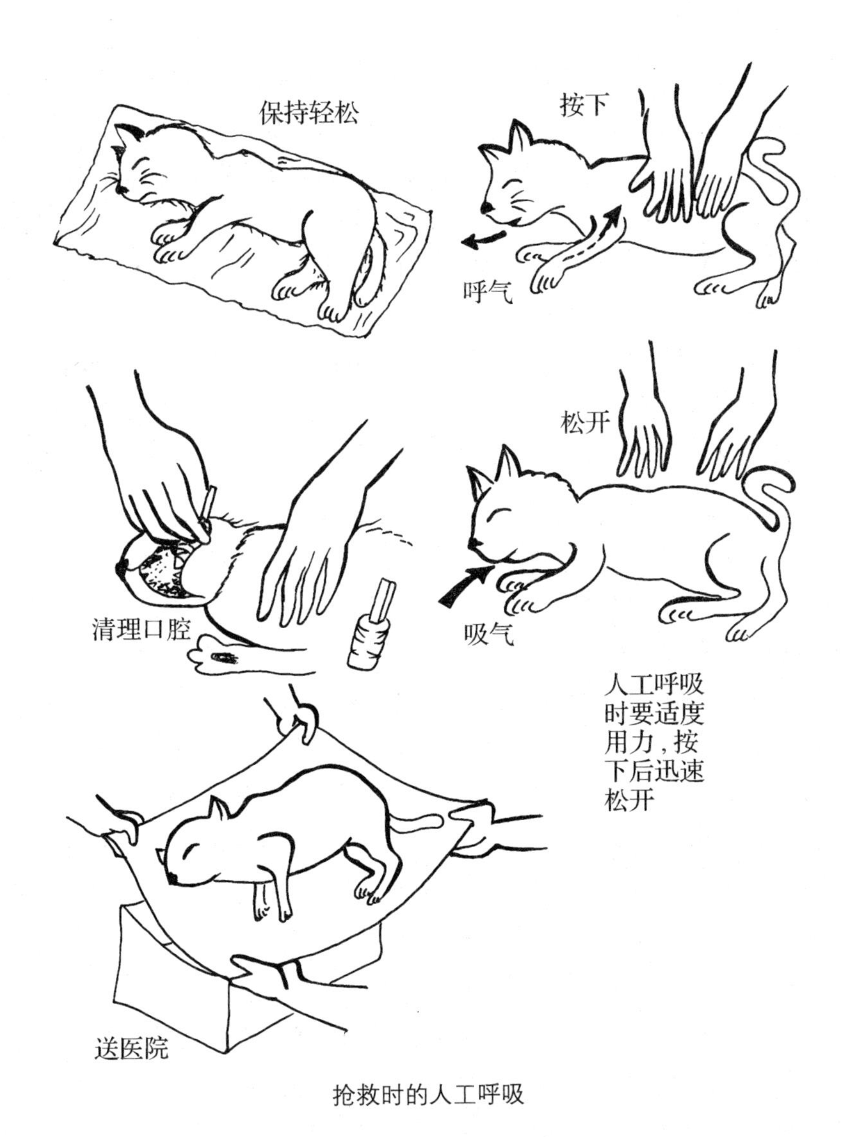

抢救时的人工呼吸

皮下注射每千克体重0.08毫克。如果此药用后抑制动物呼吸，长时间呕吐不止，就应该用麻醉性拮抗药减轻其毒副作用。当毒物已食入4小时，大多数毒物已进入十二指肠时，不能用催吐药物。

（2）洗胃。这是在不能催吐或催吐后不能见效的情况下使用的方法。毒物摄入2小时内使用效果好，它可以排出胃内容物，调节酸碱度，解除对胃壁的刺激及幽门括约肌的痉挛，恢复胃的蠕动和分泌机能。对于急性胃扩张也可用此方法。主要用胃管、开口器和洗胃液，常用温盐水、温开水、温肥皂水、浓茶水和1%苏打液等。最好在麻醉状态下进行。有时麻醉过程中，动物即呕吐，可排出部分毒物。洗胃的液体按每千克体重5～10毫升的量，反复冲洗，洗胃液中加入0.02%～0.05%的活性炭，可加强洗胃效果。

（3）吸附。本方法是使用活性炭等吸附剂，使毒物吸附于吸附剂的表面，从而有效地防止毒物吸收。但应注意的是，治疗中毒应用植物类活性炭，不要使用矿物类或动物类活性炭。具体方法是，用1克活性炭溶于5～10毫升水中，每千克体重用2～8克，每天3～4次，连用2～3天。服用活性炭后30分钟，应服泻剂硫酸钠，同时配合催吐或洗胃，疗效更好。但活性炭对氰化物中毒无效。

（4）使用泻药。这是促进胃肠内毒物排出的又一种方法，常用盐类泻剂如硫酸钠和硫酸锰，每千克体重口服1克。液体石蜡，口服5～50毫升。注意不能使用植物油，因为毒物可溶于其中，延长中毒时间。

2．*加快被吸收毒物的排除*　利尿剂可加速毒物从尿液中排除，但应在猫咪不脱水及电解质正常、肾功能正常的情况下进行。常用速尿和甘露醇。速尿，每千克体重5毫克，每6小时1次，静注或肌注。甘露醇，静脉注射每千克体重每小时2克。使用时，若不见尿量增加，应禁止重复使用。见效后，为防脱水可配合静脉补液。

改变尿液酸碱度可加速毒物的排除。口服氯化氨可使尿酸化，口服每千克体重200毫克，可治疗猫因酰胺、苯内胺、奎尼丁等中毒。苏打可使尿液呈碱性，治疗弱酸性化合物中毒，如阿斯匹林、巴比妥中毒等，每千克体重420毫克，静注或口服。

（二）几种常见的中毒病

1．*食物中毒*　猫食入腐败变质的鱼、肉、酸奶和其他食物后，由于这些变质的食物中含有较大数量的变形杆菌、葡萄球菌毒素、沙门氏菌肠毒素和肉毒梭菌毒素而引起中毒。

变质的鱼因为有变形杆菌的污染，引起蛋白质分解，产生组织胺。组织胺中毒潜伏期不超过2小时，症状为猫突然呕吐，下痢，呼吸困难，鼻涕多，瞳孔散大，共济失调，猫可能昏迷，后躯麻痹，体弱，血尿，粪便黑色。

治疗腐败鱼肉中毒可以静脉或皮下注射葡萄糖、维生素C，内服苯海拉明，肌肉或皮下注射青霉素。

葡萄球菌毒素中毒可以引起急性胃肠炎症状，病猫呕吐、腹痛、下痢。严重时出现呼吸困难、抽搐和惊厥。治疗时采用催吐、补液和对症治疗。必要时可以洗胃、灌肠。

肉毒梭菌毒素引起猫的运动性麻痹，出现昏迷，甚至死亡。肉毒梭菌毒素中毒时猫的症状与食入量有关。初期，颈部、肩部肌肉麻痹，逐渐出现四肢瘫痪，反应迟钝，瞳孔散大，吞咽困难，唾液外流，两耳下垂。眼以结膜炎和溃疡性角膜炎多见。最后因呼吸麻痹而死亡。

肉毒梭菌毒素中毒的病程短，死亡率高。发病后立即注射抗毒素，静脉或肌肉注射。对症治疗可用0.01%高锰酸钾溶液洗胃，投服泻药或灌肠，静脉输液，肌肉注射青霉素。预防此病的最好方法是猫的食物应煮熟，不能久放。

2. 猫咪的灭蚤圈中毒　目前国内很多生产猫灭蚤圈的厂家都是使用有机磷制剂，若使用浓度不当，容易造成猫有机磷中毒现象。因灭蚤圈带在猫脖子上，经由皮肤长时间接触，或猫舔毛时不慎食入，都可能出现中毒的症状。猫中毒的临诊表现为，短期极度兴奋，过度流涎，呕吐，流泪，瞳孔缩小，下痢，呼吸困难，肌肉震颤，肛门松弛，小便失禁等，严重时会呼吸衰竭而死。

处理方法：立即除下灭蚤圈，带圈局部皮肤用毛巾蘸肥皂与清水擦洗，切记清洗时勿用力搓揉以免使毒物吸收更快。如果不严重，一两天后能自行恢复。情况无好转的要立即送动物医院治疗，切勿拖延。灭蚤圈给猫使用前，最好拆封后放置一两天后再给猫带上。幼猫体格较弱，切忌佩带。

3. 猫的巧克力中毒症　猫咪的主人为了逗爱宠开心，喜欢将一些人吃的食物喂它们。尤其是家里有小孩的，经常把一些自己吃的巧克力糖或冰淇淋顺手给宠物吃。岂不知因此而害了它们，因为巧克力食品中的可可碱与咖啡因对宠物有毒性。如果1千克体重的猫吃了约1.3毫克的烘焙巧克力或13毫克的牛奶巧克力，即有可能造成中毒。宠物中毒的症状主要表现在呕吐，排尿增多，过度兴奋，颤抖，呼吸急促，虚弱与癫痫，有时甚至造成死亡。所以，平时切忌将含有巧克力的食物喂猫咪，教育儿童不要随意将食品给猫吃。当猫误食巧克力而出现中毒症状时，应立即送到宠物医院救治，不得延误。

4. 灭鼠药中毒

（1）安妥类灭鼠药中毒。这是一种强力灭鼠药，白色无味结晶粉末，引起肺毛细血管通透性加大，血浆大量进入肺组织，导致肺水肿。猫食入几分钟至数小时后，呕吐、口吐白沫，继而腹泻、咳嗽、呼吸困难，精神沉郁、可视黏膜发绀、鼻孔流出泡沫状血色黏液。一般在摄入后10～12小时出现昏迷嗜睡，少数在摄入后2～4小时内死亡。

此中毒无特效解毒药，可用催吐、洗胃、导泻和利尿的方法进行治疗。

（2）磷化锌类中毒。这是一种常用灭鼠药，呈灰色粉末。食入后几天，它在胃中与水和胃酸混合，释放出磷化氢气，引起严重的胃肠炎。

患病猫腹痛、不食、呕吐不止、昏迷嗜睡、呼吸快而深。窒息、腹泻、粪中带血。治疗可灌服0.2%～0.5%的硫酸铜。溶液10～30毫升，以诱发呕吐，排出胃内毒物。洗胃可用0.02%高锰酸钾溶液，然后用15克硫酸钠导泻。静注高渗葡萄糖溶液利于保肝。

（3）有机氟化物类灭鼠药中毒。这是剧毒药，吃后2～3天病猫躁动不安、呕吐、胃肠机能亢进、乱跑、全身阵发性痉挛，持续约1分钟，最后死亡。

治疗可肌注解氟灵，每千克体重0.1～0.2克，首次用量为全天量的1/2，剩下的1/2量分成4份，每2小时注射1次。

配合催吐和洗胃。给病猫喂食生鸡蛋清，有利于保护消化道黏膜。静脉注射葡萄糖酸钙5～10毫升是有益的。

5．农药中毒

（1）有机磷农药中毒。有机磷广泛应用于农业上作为杀虫剂，如敌百虫、乐果、敌敌畏等。误食引起猫大量流涎、流泪、腹泻、腹痛、小便失禁、呼吸困难、咳嗽、结膜发绀、肌肉抽搐、继而麻痹，瞳孔缩小，昏迷。多因呼吸障碍而死亡。

治疗时，首先慢慢静注硫酸阿托品，每千克体重0.05毫克，间隔6小时后，皮下或肌注每千克体重0.15毫克的硫酸阿托品。解磷定可增强阿托品的功能。缓解肌肉痉挛的药，有助于症状的缓和。

（2）氯化烃类中毒。此类农药包括DDT、六六六等。猫咪食入后极度兴奋、狂躁不安或高度沉郁，头颈部肌肉首先震颤，继而波及全身，肌肉痉挛收缩，随后沉郁，流涎不止，不食或少食，腹泻。

治疗可用清洗法和洗胃，然后用盐类泻剂导泻。给予镇静药可对症治疗猫的过度兴奋。由于猫脱水、不食，应及时静脉输液。

6．砷化物中毒　即砒霜中毒。因为它含有亚砷酸钠、砷酸钙、砷酸铅等，猫误食后中毒。

急性中毒猫突发剧烈腹痛，肌肉震颤、流涎、呕吐，运步蹒跚、腹泻、口渴，病猫后肢麻痹，口腔黏膜肿胀，齿龈变成暗黑色，严重时，可见口腔黏膜溃烂、脱落。

个别的猫呈兴奋状态，抽搐、出汗、身体末梢发凉，有的部位肌肉麻痹。公猫可见阴茎脱出。

治疗砷制剂中毒，常用10％的二硫基丙醇1～2毫升，间隔1～2小时肌肉注射1次，连用3～4次。也可静脉注射5％的硫代硫酸钠溶液50～80毫升。

7．酚中毒　酚类制剂广泛用于公共卫生消毒和兽医临床工作中，常见有石炭酸、来苏尔、愈创木酚、二甲苯等制剂。酚作为腐蚀剂和灭菌剂，可以消毒地面、猫舍、食具，如果被猫舔食一定的量，会出现中毒症状。

酚制剂能引起神经系统损害。与酚制剂接触的皮肤发红，有渗出。病猫精神不振、呕吐、强直性痉挛、麻痹。

治疗时，应将局部皮肤用水洗净，然后用10%的乙醇冲洗受侵害部位的皮肤以中和酚，而后用浸油敷料包扎患部以进一步排除酚。

治疗食入酚制剂而中毒的猫，可以洗胃，口服牛奶、鸡蛋清或活性炭；静脉给予利尿剂；肌肉注射异丙肾上腺素加强血液循环以抗休克。